咖啡美学

零基础学奇趣拉花

王琪岳 孙丽君 双 福◎编著

江苏凤凰科学技术出版社

图书在版编目（CIP）数据

咖啡美学：零基础学奇趣拉花 / 王琪岳，孙丽君，双福编著. -- 南京：江苏凤凰科学技术出版社，2018.4
ISBN 978-7-5537-8618-6

Ⅰ．①咖… Ⅱ．①王… ②孙… ③双… Ⅲ．①咖啡－配制 Ⅳ．①TS273

中国版本图书馆CIP数据核字(2017)第258918号

咖啡美学——零基础学奇趣拉花

编　　　著	王琪岳　孙丽君　双　福	
策　　　划	陈　艺	
责 任 编 辑	祝　萍　陈　艺	
助 理 编 辑	梁靖珊	
责 任 监 制	曹叶平　方　晨	

出 版 发 行	江苏凤凰科学技术出版社
出版社地址	南京市湖南路1号A楼，邮编：210009
出版社网址	http://www.pspress.cn
印　　　刷	广东金冠科技股份有限公司

开　　　本	718mm×1 000mm　1/16
印　　　张	12.5
字　　　数	180 000
版　　　次	2018年4月第1版
印　　　次	2018年4月第1次印刷

标 准 书 号	ISBN 978-7-5537-8618-6
定　　　价	58.00元

图书如有印装质量问题，可随时向我社出版科调换。

咖啡拉花：
拉近心与心的距离

随着人们生活水平的提升，咖啡开始进入国人的生活，闲暇时候到咖啡馆里喝一杯咖啡，已成为都市人习以为常的一种生活方式。而作为咖啡中的艺术表现形式——咖啡拉花，近几年在咖啡行业更是风起云涌，各种级别的咖啡拉花大赛也推动了整个行业水准的提升，国际咖啡拉花大赛的冠军更是受到万众瞩目。当然，这样的大环境也催生了很多对咖啡拉花感兴趣的，也想学拉花的人，除了面对面、手把手教学的正式教学方式外，还有一种方式就是通过书籍或视频来自学，这个时候，这本《咖啡美学——零基础学奇趣拉花》顺势而生，该书深入浅出地介绍了咖啡拉花的文化、制作要点等干货内容，列举了60款拉花图案的制作过程还附带了53段拉花视频，可谓是咖啡拉花入门的首选。最后，也祝愿大家在咖啡拉花的晋级之路上，越走越宽敞。

阿啡
咖啡精品生活传播平台主理人
咖啡男神拉花擂台赛总策划

咖啡拉花的入门

　　咖啡拉花最早是作为一种高难度的咖啡表演技术而被世人所熟悉，然而发展至今，咖啡拉花技术早已进入寻常咖啡爱好者的家中，拉花的样式也有了千奇百样的变化，有简有繁。对于零基础的咖啡爱好者而言，咖啡拉花就相当于是那通往咖啡师进阶之门的一个里程碑，然而要掌握咖啡拉花技能，若能得一位"良师益友"相伴，实属难能可贵。

　　这本书面向咖啡拉花新手，在对咖啡拉花原理和技巧的讲述，以及多种款式的咖啡拉花制作过程的讲解上，都做到了循序渐进、细致归纳。相比于市面上的许多咖啡拉花基础知识书籍，本书在拉花过程的指导方面做到了更耐心、细致，步步详解，你可以从本书系统地了解到咖啡拉花的款式，也能学习到不少拉花技巧，对咖啡拉花刚入门的朋友来说，这的确是值得一读的零基础入门指导书。

林健良
咖啡沙龙联合创始人

自 序

一切，先从"咖啡画"说起。

现在大街上，随处可见咖啡店。然而在20世纪初，咖啡却命运多舛，险些被淘汰。一方面人们对咖啡对人的健康是否有影响持怀疑态度，另一方面全球经济大萧条导致很多人选择更为便宜的饮品来替代咖啡。

这时，泛美咖啡局（Pan-American Coffee Bureau，PACB）出现了，这是一个专注于在美国和加拿大提升咖啡消费量的商业机构，这个机构在杂志投放了一系列的咖啡推广广告画（如下），并在不同的阶段进行调整，最终帮助咖啡行业起死回生。

"每个小姑娘都该知道……如何做出好咖啡。"

"大家圣诞快乐啊！并且睡个好觉！咖啡不会让你睡不着的！"

"有人觉得甜甜圈泡咖啡不好，我告诉你，这可好玩啦！"

这种努力一直坚持到20世纪60年代，让咖啡逐渐成为美国的一种生活文化，后来慢慢地渗透扩散到世界范围。

随着一大波咖啡行业投资热潮，对于专业咖啡的呼声愈发强烈，在一个又一个热点被引爆之后，是否会迎来更加精彩的未来呢？

咖啡拉花，无疑是一个很好的切入点。我们从业者愿以泛美咖啡局为榜样，用自己的努力，帮助更多人。本书中精选常用咖啡拉花和咖啡美食技巧，无论你是在家制作，轻享咖啡时光，还是打算进入这个行业，抑或已经很成熟打算开更多家分店，都能从中获益。

从现在开始，以咖啡为画笔，以牛奶为画布，制作属于你的拉花咖啡吧！

王琪岳 zen W.qiyue

目录 contents

Part 1
咖啡拉花的前世今生

Latte Art，咖啡文化之上　　　　　12

咖啡拉花的原理　　　　　　　　　13

咖啡拉花的种类　　　　　　　　　15

世界著名的 WLAC 比赛　　　　　　16

那些你想知道的咖啡拉花事宜　　　19

Part 2
咖啡拉花的基础入门

咖啡拉花常用的工具　　　　　　　22

咖啡拉花常用的材料　　　　　　　24

咖啡拉花的基本构造　　　　　　　25

萃取含足量咖啡油脂的意式浓缩咖啡　25

制作细腻绵密的奶泡　　　　　　　28

不同奶泡及适用范围　　　　　　　30

奶泡注入的方式和流量控制手法　　31

融合　　　　　　　　　　　　　　35

眼疾手稳，拉花摆幅节奏练习　　　37

其他辅助技巧　　　　　　　　　　38

新手常见问题及指导　　　　　　　39

Part 3
基础拉花——从实例开始学拉花

基础图案：心 🫘		42
拓　　展：心心相连 🫘		44
心意相通 🫘		46
基础图案：郁金香 🫘		48
拓　　展：双叶郁金香 🫘		50
爱心郁金香 🫘		52
基础图案：树叶 🫘		54
拓　　展：密叶		56
羽毛 🫘		58
双翼之叶 🫘		60
三生缘 🫘		62
密林 🫘		64
连理枝 🫘		66

Part 4
进阶拉花——几秒钟的巅峰绝技

白天鹅 🫘		70
飞翔的爱 🫘		72
丛林挚爱 🫘		74
甜心岛屿 🫘		76
萌芽 🫘		78
爱的宝塔 🫘		80
翅膀娃娃		82
鲲鹏 🫘		84
天使 🫘		86
云心 🫘		88
松鼠 🫘		90

🫘 拉花配视频，制作更简单

Part 5
摩卡雕花——在杯中绘出美

紫荆花 🫘 94

心之花 🫘 96

风火轮 🫘 98

空中花园 100

花开满园 🫘 102

花与爱丽丝 🫘 104

几何花 🫘 106

柳枝 🫘 108

牡丹 🫘 110

海上日出 🫘 112

水中花 🫘 114

花团锦簇 116

旋涡 🫘 118

雨伞 🫘 120

竹林 🫘 122

Part 6
3D 拿铁拉花

萌萌爪 126

海星 🫘 128

大嘴猴 🫘 130

帽子 🫘 132

趴趴狗 🫘 134

狮子 🫘 136

小奶牛 138

小熊 🫘 140

花猪 🫘 142

哆啦 A 梦 🫘 144

萌猫 146

Part 7

咖啡拉花的其他可能

彩色法：抹茶心形   150

        三彩花   152

        三彩孔雀   154

模具法：Café   156

        Kiss   158

        太阳花   160

        幸运草   162

        雪花   164

绘制法：马诺尼   166

        兔子   168

Part8

小"食"光，人气咖啡拉花餐点

黄油饼干   172

水果蜂蜜华夫饼   174

培根三明治   176

马卡龙   178

绿纹大理石饼干   180

附录

来杯冰卡布奇诺

基础冰品卡布   182

透心冰   184

雪顶卡布   186

焦糖卡布   188

红色   190

蓝色忧郁   192

圣修罗之花   194

天山雪   196

浓情蜜意   198

思绪   200

Part 1

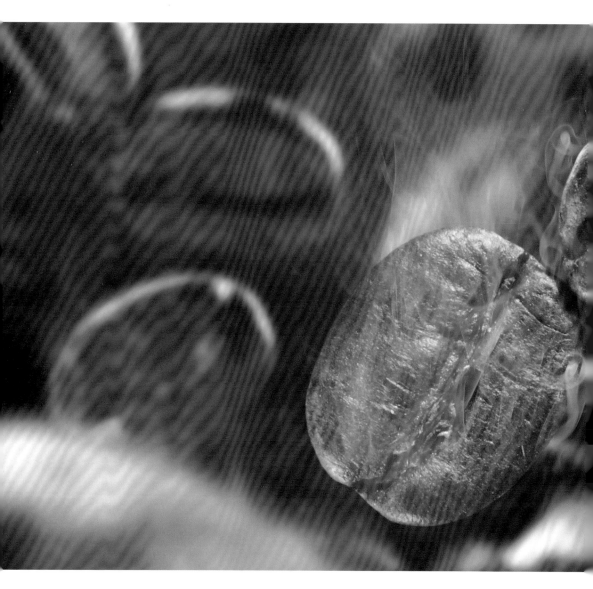

咖啡拉花的前世今生

☕ Latte Art，咖啡文化之上

在欧洲，"Latte"指牛奶，将牛奶泡倒入咖啡后产生艺术般的图案就是"Latte Art"（咖啡拉花）。由此延伸出更广泛的意义——只要在冲煮完的咖啡表面、内部制作艺术化的图案线条，形成艺术般图案的咖啡饮品，都可以称之为"Latte Art"，不一定局限于"Coffee Latte"（拿铁咖啡），所以"Latte Art"这个名词所代表的意义就是咖啡拉花的艺术。

咖啡拉花在近30年才出现，关于它的起源，其实一直都没有十分明确的文献记载，不过有这样一个说法，咖啡拉花是在1988年由美国人大卫·休莫在西雅图的自己的小咖啡馆里创造发展而来。

据说，一次偶然机会，大卫·休莫正在为客人打包早餐咖啡，加入牛奶时，不经意间在咖啡上形成一个极为漂亮的心形。后来发现图案实际能给人带来赏心悦目的感觉，这让他大受启发，此后他开始研究各种咖啡拉花手法，渐渐地开始有了心形、叶子形等其他拉花。而如此的创新技巧，所展现的高难度技术，大大震撼了当时的咖啡业界，从一开始就得到了大众的注目。

1980 ~ 1990年间，咖啡拉花艺术在美国西雅图得以发展。尤其是大卫·绍梅尔将咖啡拉花艺术大众化。1986年绍梅尔肯定了在Uptown espresso咖啡馆工作的杰克·凯利的微泡（"天鹅绒泡沫"或"牛奶纹理"）技术，此后心形图案成为绍梅尔在Espresso Vivace咖啡店的签名产品。1992年绍梅尔开创了蔷薇花图案的拉花。随后他在培训课上普及了咖啡拉花艺术。与此同时，意大利的路易吉·鲁皮从网上与绍梅尔取得了联系，并分享了彼此制作拿铁咖啡和卡布奇诺的视频。

当时的咖啡拉花，大部分注重的是图案的呈现，但经过了长久的发展和演变之后，拉花艺术在不同国家有着不同的发展，咖啡拉花不只在视觉上讲究，牛奶的绵密口感与融合的方式与技巧也一直不断地改进，进而在整体味道的呈现上达到所谓的色、香、味俱全的境界。现在，越来越多的咖啡师去追寻属于咖啡杯里的艺术，它的表现形式也越来越多样化。而咖啡拉花已经是现今各种咖啡比赛的必备专业技术之一。

🫘 咖啡拉花的原理

没有遇见拉花艺术之前的意式浓缩咖啡（espresso），寂寞当道。在拉花技术的帮助下，牛奶和咖啡的奇妙碰撞，让多少咖啡师为之倾倒。话说"外行看热闹，内行看门道"，这门技艺的奥妙原理是什么呢？接下来让我们一起了解一下。

咖啡拉花是将意式浓缩咖啡（由咖啡油脂和水混合成的液体）和发泡牛奶（在蒸汽奶泡机中使用蒸汽棒将牛奶打成的泡沫）混合后形成的，常在卡布奇诺或拿铁上做出变化。在制作时，会根据拉花所需的意式浓缩咖啡和细奶泡及不同的制作步骤，形成多种有趣的图案。

意式浓缩咖啡

意式浓缩咖啡的口感强烈，不过，它上方含有一层厚厚的咖啡油脂，它的存在被视为意式浓缩咖啡质量的标志。咖啡油脂在萃取中，里面含有许多气体，大概占总体积的一半。如下图，在光学显微镜下观察咖啡油脂的结构，可以看出里面含有气泡、脂肪颗粒（一般小于 10 个微米）以及一些固体的颗粒（咖啡豆细胞壁的碎片之类）。

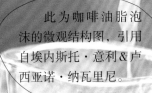

此为咖啡油脂泡沫的微观结构图，引用自埃内斯托·意利&卢西亚诺·纳瓦里尼。

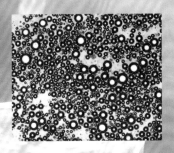

发泡牛奶

　　发泡牛奶的原理是表面剂原理。牛奶里的蛋白质当表面剂，再通过蒸汽搅拌等手段，在热牛奶的表面形成一层牛奶和空气混合物——泡沫。这种泡沫可以存在一段时间，让咖啡师得以制作拉花咖啡。

　　在添加牛奶之前，意式浓缩咖啡必须在表面上有足够的咖啡油脂。当白色的牛奶倾倒入红棕色的咖啡中，鲜明的色彩对比呈现出富有创意的图案。牛奶倒好后，奶泡从液体中分离出来，上升到表面。如果牛奶和意式浓缩咖啡的量恰到好处，拉花钢杯随着倾倒的动作左右移动，奶泡则会上升并在液体表面形成一个图案。有时，可以用拉花针或小棍在奶泡上画出图案，而不一定要在浇注的过程中形成。

　　因为这两种物质均不是稳定的（咖啡泡沫会消散，奶泡也会变成液体牛奶），所以咖啡拉花艺术需要在完成时立即欣赏。

🫘 咖啡拉花的种类

目前有两大类拉花艺术：一类是将牛奶注入意式浓缩咖啡时拉出图案；另一类是用奶泡塑成一个立体的图形。

前者在咖啡馆中被更为广泛地应用，最常见的拉花图案是心形、蔷薇花形和蕨类叶形。其中心形比较容易制成，常用于制作玛奇朵；而蔷薇花形则较为复杂，常用于制作拿铁咖啡。此外更复杂的图案也是有的，有些图案甚至需要倾倒好几次牛奶。

后者，一些拉花艺术家们会选用带有颜色的糖浆在咖啡上作画，从简单的几何图形到复杂的绘画，如带有阴影的立体感图形——动物、花等，为这与众不同的艺术形式增加亮点。不过，这种拉花咖啡的"寿命"相比倾倒技术的要短，因为奶泡分解得更快。

以上两种，在本书中都有代表性的呈现，并按照不同类型、不同难度进行了新的分类，方便读者参考使用。

世界著名的 WLAC 比赛

WLAC（全称 World Latte Art Championship ）即世界拉花艺术大赛，素有咖啡界的奥林匹克大赛之称，为世界咖啡协会 WCE（World Coffee Events）属下的七大赛事之一。

WLAC 是一个国际性的拉花比赛，每年举办一次，在各个国家进行分区赛角逐出一名冠军，再进行最后的总决赛角逐出世界冠军。世界拉花艺术大赛是一项突出艺术表现力，挑战咖啡师现场表演能力的赛事。各个国家的代表，都会在比赛中的拉花项目上展现自己的拉花技巧。这两年，有中国选手在这项比赛中取得了优异的成绩，**如 3coffee 的王学超 2015 年获世界亚军、麦隆咖啡的李琦 2016 年获世界亚军。**

竞赛内容要求有以下几点，它们也是制作拉花咖啡时的重点。

1. 图案的还原

准确地说，这个项目应该叫作"杯中图案与照片的一致性"，即向评委呈上一杯与选手事先提交的照片相似度高的拉花咖啡。

2. 奶泡质量

一个拉花图案的成功与否，奶泡的质量往往起到了非常关键的作用，整个作品的表面光泽度、奶泡结构的一致性、奶泡的流动性等，都是咖啡师在制作拉花咖啡时要考虑到的因素，奶泡的质量会影响到饮品的口感，咖啡终究是用来喝的。

3. 图案对比度

直白地说，就是去观察咖啡师送上来的饮品，牛奶白色的部分跟咖啡油脂的颜色对比（白的是不是白，"黑"的是不是"黑"），会不会有化开、图案不清晰等现象。其实道理很简单，光有优质的奶泡与高超的拉花技法是无法制作出优秀的拉花咖啡的，因为咖啡基底也是饮品的关键。

4. 图案在杯中的布局（和谐度）

在构思图案布局的时候就需要考虑到构图、留白的和谐性和美感，几个组合的图形之间不能太过紧凑或太过分开。

5. 图案的创新

这个项目中的"创新",除了图形的创新之外,更多的是拉花技法的创新,我们常见的技法会有"推""拉""转杯""摇摆"等手法,看看咖啡师是否能展现出一个非常新颖的技法来完成新颖的图案。

6. 难度系数

在这个项目里要考虑的是,完成这个图案的难度有多高,这个咖啡师是否能很好地完成这个图案。拉花技法并不是一朝一夕便可以练成的,需要反复的练习与长时间的累积,5 层郁金香与反推的 3×2 郁金香图案相比,无疑后者的难度更高。

7. 整体的视觉效果

这个项目我们可以以 2013 年 WLAC 的冠军——Hsiako Yoshikawa(日本)的作品来举例,她制作的玫瑰图案就曾经一度成为佳话,也是众多咖啡拉花爱好者争相模仿的图案。这个图案是在一个组合图形的构图上,将创作者想要表达的意思明确表达出来的一个很好的例子。

8. 整体表现

作为咖啡师,是否能让作为顾客的我们感受到优质的服务呢?是否做到友善的眼神交流呢?是否做到对顾客服务的细节上的关注呢?这些都是这一环节的重点。

问题1：如何喝拉花咖啡？

咖啡说到底是饮品，一切都是以口味为主，拉花只是锦上添花。如果喜欢每口的层次感，可以不用搅拌，直接饮用。喝完后杯底还能依稀看到图案才是对咖啡拉花的最高的赞赏。

问题2：咖啡加拉花会降低咖啡的口感和品质？

意式浓缩咖啡与发泡牛奶的融合，使咖啡本身产生了别样的美丽与独特的口感，如果只是追求咖啡本身的风味，咖啡拉花并不是个好选择。不过，世界咖啡组织每年举办的世界拉花艺术大赛，使无数的咖啡师展示自己的精湛技艺，有许多的专业咖啡书籍，都在介绍咖啡拉花的基本技术，并以拉花咖啡作为封面的专业象征。因而，咖啡拉花在咖啡中还是很"出挑"的一员。

问题3：中国古代的分茶与咖啡拉花是一个性质吗？

二者截然不同。分茶是中国民族的文化瑰宝，是珍贵的非物质文化遗产，有一千多年的历史。分茶的特点是仅用茶和水，不用其他原料，使茶汤中显现出文字和图像，通过技巧使汤纹水脉分出不同层次，形成色差对比，从而"绘"成各色图案，如各种山水花鸟图案等。而咖啡拉花要用两种不同的原料（咖啡和牛奶），在意式浓缩咖啡的表面注入奶泡而形成图案，不是咖啡液本身形成图案。

那些你想知道的咖啡拉花事宜

Part2

咖啡拉花的基础入门

咖啡拉花常用的工具

咖啡机：优质的拉花需要优质的咖啡基底，需要借助咖啡机进行制作。咖啡店专用的咖啡机以半自动居多，它是制作意式浓缩咖啡的法宝。家用咖啡机有半自动、全自动、美式和胶囊几种常见类型。

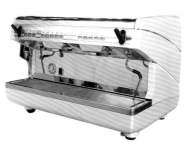

专用咖啡机

拉花钢杯：拉花钢杯的材质多为不锈钢，一般来说，按拉花钢杯的嘴型可分为圆嘴型、尖嘴型、长嘴型和短嘴型。圆嘴拉花钢杯适合制作圆润、丰盈的拉花咖啡；尖嘴拉花钢杯适合制作有线条和层次的拉花咖啡；长嘴拉花钢杯适合制作推纹、压纹的拉花咖啡。拉花钢杯的容量市面上大致分为300毫升、450毫升、600毫升、720毫升及1升。

家用咖啡机

拉花钢杯　　　雕花棒　　　　奶泡壶

雕花棒：雕花棒尖端可以用来勾画图案。

奶泡壶：打发奶泡的一种工具。

咖啡杯：大体分为马克杯、wlac扩口杯、泽田杯、郁金香杯、爱淘乐及玛奇朵杯等。容量太小或者太大都不容易制作拉花咖啡，最适合制作拉花的杯子容量在150～350毫升之间。

咖啡杯

模具：主要用来制作拉花图案，模具可以自己制作，非常简单。

模具

磨豆机：好的磨豆机是保证咖啡风味均衡的法宝，它能按照要求磨出不同类型的咖啡粉，如粗粉、中粗粉、中细粉、细粉、极细粉。常见的磨豆机有电动和手摇两大类。

粉锤：萃取一杯好咖啡，离不开精细的粉锤压粉环节，咖啡师选择一把适合自己的粉锤十分重要。粉锤有两个常见的尺寸范围，小的尺寸为49~53毫米，大的尺寸为57.5~58.5毫米。

手柄：有单头、双头两种，以有底手柄最为常见，更有无底、全透明等新品。手柄主要用于布粉、压粉、萃取咖啡。

磨豆机

粉锤

手柄

粉渣槽

吧勺

咖啡量杯

探针温度计

冰铲

粉渣槽：也叫敲粉器、咖啡渣桶，用于敲掉用过的粉饼、盛放萃取之后的咖啡渣，以不锈钢材质居多。

吧勺：不锈钢制品，搅拌原材料或者注入液体时使用。通常一端为匙形，可搅拌混合咖啡，或捣碎配料；另一端为叉形，可用于从容器中取出樱桃等装饰物。注意注入液体时吧勺放置的位置要准确，否则原料易混浊。

咖啡量杯：带有刻度，可以精准地看到萃取出的咖啡量，尖嘴设计方便注入。

探针温度计：探针温度计是新手拉花测温的好帮手，现场显示温度，直观方便，以金属材质居多。除了用于测温，还可以用于搅拌。

冰铲：一般尺寸不大，用于铲取冰块。

☕ 咖啡拉花常用的材料

咖啡豆：建议你购买咖啡豆，而不是咖啡粉，因为已磨好的咖啡粉保存期不长，而且超市里销售的袋装咖啡粉通常是经过特殊处理的，少了些咖啡原有的酸味，风味容易散失。所以享受咖啡最好的方法是在饮用前将适量的咖啡豆磨成粉，这样才可以保留咖啡原有的风味。常用的咖啡豆一般都能够在大型超市、西餐材料专卖店和咖啡馆买到。

如果没有时间磨豆，也可以在大型超市或咖啡馆购买咖啡粉，然后按照每次使用的量一包包密封好，放入冰箱冷藏室内保存。这样可以最大限度地保留咖啡粉的风味，但是一定要注意防止串味。

牛奶：打奶泡用的鲜奶要选择全脂的，因为脂肪和蛋白质含量越高的鲜奶，打发的奶泡会越稳定，也会更持久更绵密。

焦糖浆：白砂糖125克，水70克，可以购买现成的，也可以自己制作，方法如下——用温水加热融化白糖，待糖浆起泡，直到气泡消失，当糖浆变成金黄色就可以关火，冷却后使用。

淡奶油：也叫稀奶油，有植物淡奶油和动物淡奶油两种，脂肪含量一般在35%，可以打发成固体状用于蛋糕上面的装饰。

巧克力酱：主要原料有可可粉、牛奶等，既可以作为一种甜品食用，也可以作为面包等的调味酱来使用。

抹茶粉：采用石磨碾磨成微粉状的蒸青绿茶。

食用色素：是食品添加剂的一种，又称着色剂，是用于改善物品外观的可食用色素。

冰块：一般是将液体水冰冻后制成的固体，是制作冰咖啡的必需品。

🫘 咖啡拉花的基本构造

本书中涉及三类咖啡，每类的基本构造如下：

拿铁　　　　　卡布奇诺　　　　摩卡

🫘 萃取含足量咖啡油脂的意式浓缩咖啡

有良好咖啡油脂的意式浓缩咖啡，是制作漂亮的拉花咖啡的必备条件。咖啡油脂是指在意式浓缩咖啡的表层冲泡出慕斯状的细泡沫。下面介绍萃取意式浓缩咖啡的方法。

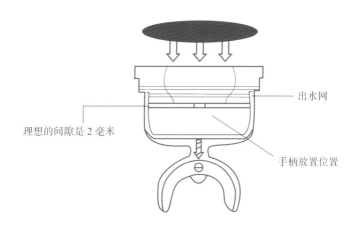

理想的间隙是 2 毫米

出水网

手柄放置位置

配方

咖啡豆量：单孔 8 克，双孔 16 克

咖啡机状态

常态：水位 / 中心线

压力（不操作时）/ 0~3BAR

压力（操作时）/ 9BAR

蒸汽压力 / 1.2BAR

1 2

制作要领

1 │ 将烘焙好的咖啡豆装入磨豆机中，磨成咖啡粉，轻摇拨粉杆，将打磨好的咖啡粉均匀填入手柄内进行布粉。

2 │ 用粉锤平均施力填压粉末，使咖啡粉均匀硬实。如有不均匀时，需要重新敲击，再次压粉。

3 │ 将手柄拧于咖啡机上，要固定好手柄，避免萃取时漏水。

4 │ 取咖啡杯放于一侧，按萃取键，以2B铅笔粗细的流速流到咖啡杯中，萃取时间为22～28秒。咖啡中杯30毫升、大杯2×30毫升，萃取后，须立即移开杯子，以免接收萃取过量的咖啡。

5 │ 将手柄中萃取后的咖啡粉磕至粉渣槽中。用咖啡机中的水（约95℃）清洗手柄，并擦干净。

完美意式浓缩咖啡的标准

1. 油脂、虎纹、豹纹、厚度。

2. 果酸、顺滑、余韵、持久。

注意:

1. 压粉的力道需根据咖啡粉研磨的粗细而决定,参考依据为萃取时咖啡的流速。如果流速过快,则压粉力度过轻;如果流速过慢,则压粉力度过重。

2. 制作拉花的意式浓缩咖啡的流速一定不能快,正常流速和偏慢流速比较适合。

3. 同等条件下萃取的液体越少浓度越高,萃取率越低,咖啡油脂的流动性会越好,对比度也会越高;相反,如果液体过多咖啡油脂会很硬、很稀以及颜色很淡,从而会使制作的拉花咖啡失去对比度。所以在能保证咖啡味道的前提下,尽量萃取浓度高一点的意式浓缩咖啡。

制作细腻绵密的奶泡

一个拉花图案的成功与否，奶泡的质量往往起到了非常重要的作用，细腻而绵密的奶泡是优质拉花的关键。下面介绍最常用的方法。

材料准备

4℃冷藏牛奶300毫升。

咖啡机状态

常态：水位 / 中心线

压力（不操作时）/ 0~3BAR

压力（操作时）/ 9BAR

蒸汽压力 / 1.2BAR

制作要领

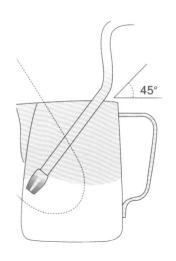

1　往600毫升拉花钢杯里倒入牛奶，至凹槽处。

2　启动蒸汽阀，放出蒸汽棒内的水分，空喷清洁蒸汽棒。

3　左手持钢杯，右手提起蒸汽棒到合适的角度，将蒸汽棒倾斜地插入牛奶中，与杯壁的夹角成45°，形成起泡角度（蒸汽棒出气口位于牛奶液面底下1厘米）。

4　"打发"阶段：打开蒸汽调节钮，右手轻轻地扶在钢杯侧面，伴随着"嗞嗞"的打奶泡声音，让牛奶在钢杯中旋转，形成旋涡，将钢杯一点一点向下挪移，将空气打入牛奶中。

5　"打绵"阶段：当奶泡的量增加到1.5倍左右，将装牛奶的钢杯往上提高1厘米，让喷嘴浸入牛奶中，保持液面旋转。等到扶住钢杯的手感到温度烫手，握2～3秒，再关掉蒸汽调节钮，这时牛奶的温度大约60℃，再进行一次空喷动作。

6　在桌上敲击钢杯以震碎大奶泡。

7　用吧勺撇去表面较粗奶泡，只保留绵密的奶泡。

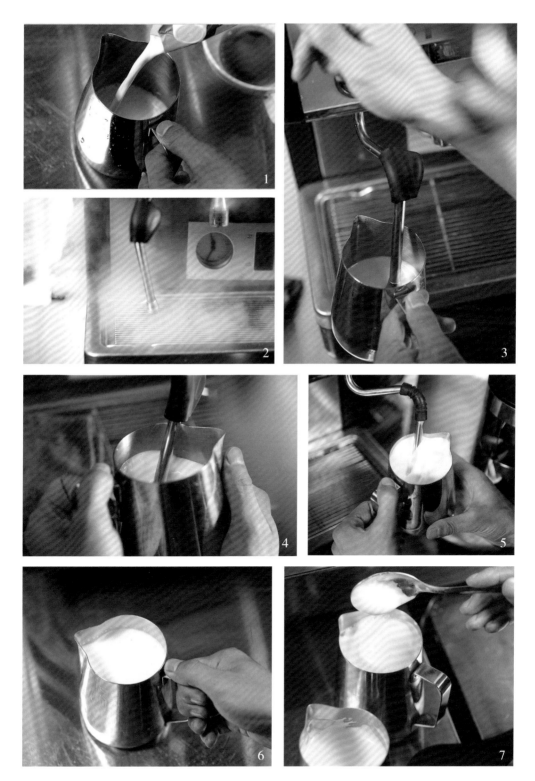

完美奶泡的标准

质地细腻绵密、有光泽，液面看起来是反光的，有适度重量感，像天鹅绒般柔顺，完美的奶泡是非常细小的"微奶泡"。

注意：

1. 打奶泡时操作者可以上下移动钢杯，使奶泡更丰富、更绵密。

2. 牛奶的温度够了以后，奶泡无法再增加。

3. 新手可以使用温度计、感应贴纸辅助测量奶泡温度。

4. 制作完成的奶泡以画圆圈的方式旋转晃动混合均匀，要迅速使用，以免奶泡分层和消泡。

5. 一般来说，摸着钢杯很烫的时候，温度在50℃左右；感觉烫得快受不了的时候，温度在55℃左右。

特别指导

新手可以用洗洁精、冰块、水练习打奶泡。配方如下：1 000毫升拉花钢杯，400毫升水，100克冰块，洗洁精适量。

🫘 不同奶泡及适用范围

厚奶泡：线条会很粗，很难做出精致美观的图案。

薄奶泡：呈现的图案会更精致，对比度与干净度更高。

🫘 奶泡注入的方式和流量控制手法

　　正确的注入是能拉出好的拉花图案的关键，拿对拉花钢杯和咖啡杯是基础。

　　拉花钢杯有两种主流拿法，一种是捏把手，另一种是拿把手。无论哪一种拿法，拉花钢杯都要拿正。

　　咖啡杯的拿法，一种是捏杯耳，另一种是握杯壁，还可以将杯子握在手心。无论哪种方法，都要将杯子拿正。

奶泡注入方式

1 | 左手拿着装有意式浓缩咖啡的杯子，稍倾斜，右手拿着拉花钢杯。

2 | 融合：将拉花钢杯提高，让牛奶的流速呈细长而缓慢的方式注入，迅速刺破咖啡油脂，使二者充分融合。

3 | 改变：当注入奶泡到达杯子 1/2 或 3/4 的高度时，应将拉花钢杯的高度降低，同时改变牛奶的注入方式。

4 | 拉花：出现"白点"后，加大牛奶注入量，手臂和手腕要配合好，此时可以拉出不同的花型。

5 | 收尾：用奶泡装满杯子，提高拉花钢杯，小流量直线收尾。

完美注入方式的节奏

拉花最重要的就是节奏，我们可以简单理解成两只手的距离变化：

靠近——远离——靠近——远离。

注意：

1. 融合的时候哪里有白色泡沫就往哪里倒，不让奶泡上翻，这样才能使奶泡和咖啡充分融合。

2. 在保证咖啡味道的前提下，萃取浓度高一点的意式浓缩咖啡，这样才能更好地凸显后面推出或拉出的花。

3. 切记要保持流速，不要还没拉花杯子就满了。

4. 收尾时流速要稍微小一点，并提高拉花钢杯，这样，一方面倒出的奶泡量少，另一方面倒出来的奶泡会沉下去。

5. 收尾的时候一定要稳、要准，即把拉花钢杯拉高，而拉高的同时手要稳，不要让奶流抖动和移动，要果断，否则会出现泡泡。

6. 为了保证奶泡和咖啡充分融合的同时不去破坏油脂的干净程度和颜色，要根据奶泡的质量灵活控制奶流。比如：奶泡偏厚我们就要提高距离，注入较细的奶流，相反奶泡较薄我们可以选择微粗奶流较近距离地去融合。

7. 收尾时奶泡注入量的控制，关系到作品的完整性和美观程度，所以，收尾的时间点是完成咖啡拉花图案后，且杯口接近满而不溢时，提高拉花钢杯确保垂直向下的小流量以直线收尾。

特别指导

新手要先从"拉水"开始，练习稳定性。注意以下技巧。

1. 杯子和拉花钢杯要保持垂直，使水流的位置正。

2. 水流控制有要求，不能出现水声，如果出现水声，证明拉花钢杯和杯子的距离过远，在拉花时会出现泡泡，影响美观。

3. 水流的练习要有连贯性，一般一次需要练习十几分钟。

4. 真正的控制，需要经过下面两个阶段。

(1)用一种大小不变的流速将杯子装满水，不能有泡泡。

(2)流速大小能变大变小且可持续 5 秒钟以上的时间，不能忽大忽小。

🫘 融合

细腻奶泡刺破咖啡油脂的瞬间，融合便慢慢地开始。咖啡的口味表现在颜色上面，如果颜色越接近于咖啡色，口感就越接近于意式浓缩咖啡，颜色越接近于白色，口感就越接近于牛奶，所以通俗地讲，融合的要求就是为了让咖啡外面一圈的颜色一致，以及提升口感。

咖啡师在处理融合时通常有三种手法。

画圈融合法：转着圈去融合，让奶泡在咖啡液中以顺时针或逆时针进行绕圈。左手和右手同时在动，只不过有半圈的延迟，当拉花钢杯旋转到最高的位置，杯子在最低；当拉花钢杯在最低的位置，杯子在最高。这样就产生了高度差，从而产生了搅拌的力量，达到融合的目的。这种融合方法较大程度使奶泡在油脂表面移动，从而达到融合目的。

定点融合法：在一个点进行融合，这种方法几乎不去破坏咖啡油脂表面的干净程度，就能达到融合目的。

一字融合法：在一条线上左右摆动地去融合，这种方法较大程度减少破坏咖啡油脂的面积，达到融合目的。

三种融合方法各有优缺点，从融合的状态和均匀程度来讲，效果最好的是画圈融合法（即大面积地去融合）。道理很简单，融合的面积越

大越容易使奶泡和咖啡充分融合，定点融合法和一字融合法则对咖啡油脂和奶泡的质量的要求较高。所以建议画圈大面积去融合。

咖啡师在处理融合时也会考虑到融合量。

融合量是指融合多少奶泡进入杯中（以下假设咖啡油脂、奶泡、融合手法是一致的）。

融合液体的多少 = 倒进去的奶泡有多少 = 液面的流动性强度

融合液体少（即倒进去的奶泡少），液面所含气泡比较少，阻力就小，所以流动性高。

融合液体多（即倒进去的奶泡多），液面所含气泡比较多，阻力就大，所以流动性低。

因此，融合液体的分量不一样，液面的流动性也不一样。

注意：

1. 过粗的奶流会有较大的冲击力，会有一定概率出现砸入杯底产生乱流的现象，所以一般会选择较细的奶流去进行融合，不过旋转的过程中发现奶流容易断掉，就要适当地增大流速，不要误以为奶流越小越好。

2. 在练习融合时，拉花钢杯很容易歪掉，注意将拉花钢杯拿正。

3. 刚开始练习时，要慢一点，旋转过快拉花钢杯里的奶泡会荡出来，不要急于展现你的手速。

🫘 眼疾手稳，拉花摆幅节奏练习

在咖啡拉花的创作过程中，除了完美的构图和娴熟的融合，还有一项核心的手法技能就是"摆幅"，具体如下：

1. 手臂配合手腕"中"流量匀速左右晃动拉花钢杯，左右摆幅约为1厘米。

2. 手臂配合手腕"大"流量匀速左右晃动拉花钢杯，左右摆幅约为2厘米。

> 注意：
>
> 1. 一定要降低拉花钢杯的高度，让拉花钢杯的尖嘴近距离接触液面，距离越近越容易出图，如果距离过高，会有较大的冲击力不容易出图。
>
> 2. 让手腕稳定地做水平的左右来回晃动。纯粹只需要手腕的力量，不要整只手臂都跟着一起动。当晃动正确时，杯子中会开始呈现出白色的"之"字形奶泡痕迹。
>
> 3. 根据不同的图案使用不同的奶流。奶流大，奶泡从拉花钢杯出来后是向前呈弧度留下来的；奶流小，奶泡从拉花钢杯出来后呈垂直状留下来。
>
> 4. 摆动时要讲究左右对称。

🫘 其他辅助技巧

正如前文所说的，咖啡拉花的另一大类是将牛奶注入咖啡时在咖啡表面形成的奶泡上雕刻出图案。本书将对常见的方式进行简单说明。

1. **筛网图案法**：利用刻有各种图形或字样的网版及筛网，放置于距离咖啡表面约1厘米处，隔着各式网版及筛网撒上可可粉、抹茶粉等，使咖啡表面呈现出各种图形或字样，是所有咖啡拉花技巧中最简单的一种。

2. **手绘图案法**：多是使用各种颜色的酱料在完成融合的咖啡表面上，先画出基本的线条，再利用牙签或针状物勾画出各种规则的几何图形或具象图案。

3. **3D立体拉花**：需要两杯奶泡，其中一杯奶泡打发时间长一些，形成比较厚的奶泡，然后静置，等到奶沫变得硬一些时，用勺子等工具塑形，再进行装饰即可。

4. **彩色拉花**：把咖啡表层的奶泡当"画布"，利用食用色素，采用咖啡拉花的常见手法，在上面创作出色彩斑斓的拉花。

新手常见问题及指导

问题1：什么样的拉花算上品？

颜色干净，咖啡色和白色部分都显色均匀。

对比度鲜明，制造一种强烈的印象。

对称度的把握，即确保正对着饮者的是对称平稳的图案。

创新和复杂度，这一点在比赛中尤其重要，寻求自己可为而别人所达不到的技艺境界。

问题2：如何炼成一杯高颜值的拉花？

咖啡要讲究酸甜苦的平衡；打奶泡讲究果断，质地要绵密均匀，不要过厚；咖啡和牛奶的比例要均匀，调和出令人愉悦的口感；注意拉花钢杯的正确握法，控制拉花的高低与杯面的流动性的关系，把整个拉花过程视作一个系统进行管理。

问题3：学习拉花有什么建议吗？

在拉花图案上可以遵循由树叶、郁金香到压纹的学习步骤，学习拉花是一个由模仿到原创的过程，通常我们会借鉴别人做出的图案进行二次优化。

先努力创造美感，再追求复杂度的提升。当然，这对制作者在构图、配色、审美这些方面都有考验，我们要创造一个良好的审美体系，生活本身和个人情绪也是重要的创作灵感来源。

当有了学习咖啡拉花的意愿和动力后，每一个未知的领域不仅需要长期累积的理论知识来辅助、指导和纠正，在实践的技能训练中持之以恒的坚持和总结，还是提升技术的关键。

Part3

心

关键：
奶泡不能太厚，否则最终会做出一个圆形来。

材料
意式浓缩咖啡　1份
奶泡　适量

工具
咖啡杯、拉花钢杯、吧勺

操作时间
10秒

制作

1 萃取意式浓缩咖啡。

2 将冷藏的牛奶用蒸汽棒打发成绵密的奶泡，在桌上敲击震碎大奶泡，再用吧勺撇去表面较粗奶泡。

3 左手拿着咖啡杯，右手拿拉花钢杯，将打好的奶泡按图示方向注入咖啡中充分融合，即溶奶。

4 奶泡加至半满时，在中心点注入，左右摆动手腕，开始按图示方向拉花。

5 手腕向一侧拉，将奶泡向图形底部拉进行收杯，此时手要稳，使奶泡在咖啡杯中成心形即可。

心心相连

材 料
意式浓缩咖啡　1 份
奶泡　适量

工 具
咖啡杯、拉花钢杯、吧勺

操作时间
10 秒

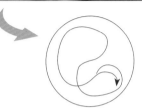
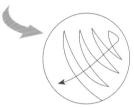

制 作

1 将冷藏牛奶倒入拉花钢杯中用蒸汽棒打发，在桌上敲击震碎大奶泡，用吧勺撇去表面较粗奶泡，晃动均匀。

2 将奶泡徐徐注入装有意式浓缩咖啡的杯中，按图示方向进行融合。

3 奶泡加至半满时，在杯壁一侧注入，左右摆动手腕，方向如图所示，开始拉花，使奶泡在咖啡中形成第一个心形。

4 当绘制成第一个心形后，接着往下拉奶泡，手腕继续左右小幅度摆动，形成第二个心形。

5 将奶泡下拉，停顿几秒，将第二个心形收尾即可。

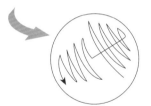

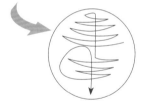

心意相通

材料
意式浓缩咖啡　1份
奶泡　适量

工具
咖啡杯、拉花钢杯

操作时间
10秒

制 作

1　将刚打好的奶泡以"8"字形转圈注入装有意式浓缩咖啡的咖啡
　　杯中，使二者充分混合。

2　加至半满时，在杯壁一侧注入，左右摆动手腕，绘制出第一个心形。

3　从大心形的底端向下移动，在下方按照同样的手法绘制出第二
　　个心形。

4　在大心形的右侧，手腕继续左右小幅度摆动，绘制出两个小心形。

5　在另一侧以同样的方法，绘制出两个小心形即可。

郁金香

材料
意式浓缩咖啡　1份
奶泡　适量

工具
咖啡杯、拉花钢杯

操作时间
10秒

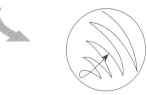

制 作

1 | 左手持装有意式浓缩咖啡的杯子，右手
将拉花钢杯中的奶泡转圈注入其中。

2 | 奶泡加至半满时，从杯壁一侧注入，左
右晃动手腕，按照图示方向进行拉花，
制作出郁金香的叶子。

3 | 在叶子的上方，用奶泡像画心形一样的
手法，画出郁金香的花朵。

4 | 手腕由前向后，将花朵和叶子连到一
起，画出花茎。

5 | 郁金香拉花完成。

双叶郁金香

材料
意式浓缩咖啡 1份
奶泡 适量

工具
咖啡杯、拉花钢杯

操作时间
10秒

制作

1 左手持装有意式浓缩咖啡的杯子，右手持打发好奶泡的拉花钢杯。

2 将打好的奶泡徐徐注入咖啡杯中，呈"8"字形注入，并摆动手腕，使二者充分融合。

3 奶泡加至半满时，从中心点开始，左右摆动手腕进行拉花，拉出郁金香的叶子。

4 在叶子的上方，将奶泡用拉心形一样的手法，拉出郁金香的另一对叶子。

5 再在叶子上方，用相同的手法，拉出郁金香的花，收尾时，将手腕由前向后把花朵和叶子连到一起，画出花茎即可。

拓展

爱心郁金香

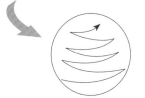

材 料

意式浓缩咖啡　1 份

奶泡　适量

工 具

咖啡杯、拉花钢杯

操作时间

10 秒

制 作

1 | 将打好的奶泡呈小"8"字形注入装有意式
浓缩咖啡的杯子，使二者充分融合。

2 | 奶泡加至半满时，从中心点开始拉花，手
腕按图示方向左右轻轻摆动，拉出郁金香
的叶子。

3 | 在叶子上方，轻轻左右摆动手腕，如图所示，
使奶泡在咖啡中形成郁金香的叶子和花朵，
再将奶泡向下拉，画出花茎。

4 | 在花朵的右侧，用奶泡拉出一个心形，可
以将最后的线条向下延展，连到叶子上。

5 | 再在另一侧拉出另一个心形即可。

树叶

材 料
意式浓缩咖啡　1 份
奶泡　适量

工 具
咖啡杯、拉花钢杯

操作时间
10 秒

制作

1 左手持装有意式浓缩咖啡的杯子，右手持拉花钢杯，将打好的奶泡转圈注入咖啡杯中，使二者充分融合。

2 手微微倾斜，待奶泡加至半满时，左右轻轻晃动手腕，按图示方向拉花，然后收起奶泡。

3 将拉花钢杯稍向前冲，把前面的奶泡推到后面，同时轻摆手腕，滴上奶泡。

4 用同样的方法滴上三滴奶泡。

5 最后滴时，把拉花钢杯提起来，停顿一下再往前走，从前向后，把奶泡在中间拉到底，形成叶脉。

6 树叶拉花完成。

失败：
  油脂太淡，压纹层次不显著。

密叶

材料

意式浓缩咖啡　1 份

奶泡　适量

工具

咖啡杯、拉花钢杯

操作时间

10 秒

制作

1 | 左手持装有意式浓缩咖啡的杯子，右手
持拉花钢杯，将打好的奶泡转圈注入咖
啡杯中，使二者充分融合。

2 | 左手微微倾斜，待奶泡加至半满时，右
手轻轻晃动手腕，按图示方向拉花。

3 | 再轻轻晃动手腕，将奶泡以图示方向
延展绘制，直到接近杯壁。

4 | 然后将奶泡以图示方向从花纹的中间
穿过，一气呵成至底部收尾，完成密
叶拉花。

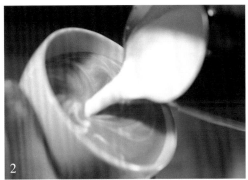

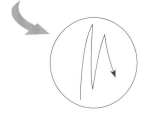

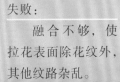

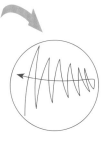

失败：

融合不够，使
拉花表面除花纹外，
其他纹路杂乱。

羽毛

材料

意式浓缩咖啡 1 份
奶泡 适量

工具

咖啡杯、拉花钢杯

操作时间

10 秒

制作

1 | 左手持装有意式浓缩咖啡的杯子，右手拿拉花钢杯，将拉花钢杯中打发的奶泡，均匀注入咖啡杯中。

2 | 待奶泡加至半满时，以图示的手法在咖啡杯壁一侧轻轻摆动手腕，使奶泡在杯中成羽毛基部。

3 | 再轻轻晃动手腕，将奶泡按图示方向延展绘制。

4 | 直到杯壁附近。

5 | 然后将奶泡从花纹的一侧划过。

6 | 直到到达羽毛上端，再向一侧收尾。

7 | 羽毛拉花完成。

双翼之叶

材料
意式浓缩咖啡　1 份
奶泡　适量

工具
咖啡杯、拉花钢杯

操作时间
10 秒

制作

1　将刚打好的奶泡转圈注入装有意式浓缩咖啡的杯中，使二者充分融合，形成厚基底。

2　将奶泡以图示的方向，在咖啡杯一侧进行绘制。

3　从顶部沿花纹内侧绘至底部。

4　再在另一侧进行绘制。

5　沿着花纹侧边绘至到底。

6　在中间位置以图示方向轻轻抖动手腕，绘制出双翼的中间部分即可。

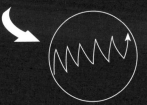
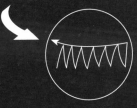

拓展

三生缘

关键：
重点要控制奶泡的流速，不要过快。

材 料
意式浓缩咖啡　1份
奶泡　适量

工 具
咖啡杯、拉花钢杯

操作时间
10秒

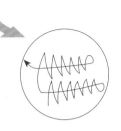

制 作

1　将打好的奶泡转圈注入装有意式浓缩咖啡的杯中，
　　使二者充分融合，形成厚基底。

2　将奶泡在咖啡杯一侧进行绘制。

3　按图示的方向将奶泡从中间穿过，形成叶子状。

4　奶泡不断，再在中间进行绘制，绘出另一片叶子。

5　以同样的方法，将最后一片叶子绘好。

6　三生缘拉花完成。

密林

材料
意式浓缩咖啡　1份
奶泡　适量

工具
咖啡杯、拉花钢杯

操作时间
10秒

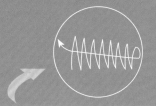

制作

1　将打好的奶泡转圈注入装有意式浓缩咖啡的杯中，使二者充分融合，形成厚基底。

2　按图示方向沿着杯壁一侧绘制出第一片叶子。

3　在稍偏中间的位置以同样的方式绘制出第二片叶子，叶片可以稍大些。

4　再以图示的方式绘制第三片叶子，控制奶泡流速，以细奶泡绘制出第四片叶子即可。

连理枝

材 料
意式浓缩咖啡　1 份
奶泡　适量

工 具
咖啡杯、拉花钢杯

操作时间
10 秒

制 作

1 | 将打好的奶泡转圈注入装有意式浓缩咖啡的杯中，使二者充分融合，形成厚基底。

2 | 奶泡注入至七分满时，开始拉花，方向如图所示绘制一片叶子。

3 | 收尾后，奶泡不停，稍提高拉花钢杯的高度，控制奶泡流速，再以同样的方法绘制另一侧的叶子。

4 | 再将奶泡从花纹中间穿过，绘成叶子的叶脉，最后在底部留一个长尾。

5 | 连理枝拉花完成。

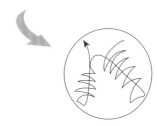

Part4

进阶拉花——
几秒钟的巅峰绝技

白天鹅

材料
意式浓缩咖啡 1 份
奶泡 适量

工具
咖啡杯、拉花钢杯

操作时间
10 秒

制作

1 萃取一杯意式浓缩咖啡，待用。

2 左手持咖啡杯，右手持装有打发好奶泡的拉花钢杯。

3 将打好的奶泡转圈注入装有意式浓缩咖啡的杯中，使二者充分融合，形成厚基底。

4 奶泡注入至五分满时，将奶泡着重倾注在咖啡杯一侧，左右晃动手腕，形成天鹅基部，方向如图所示。

5 天鹅基部绘制完成后，按图示方向绘出颈部、头部即可。

飞翔的爱

材料
意式浓缩咖啡　1份
奶泡　适量

工具
咖啡杯、拉花钢杯

操作时间
10秒

制 作

1 │ 将打好的奶泡呈"8"字形注入装有意式浓
缩咖啡的杯中，使二者充分融合，形成厚
基底。

2 │ 加至半满时，开始拉花，将奶泡着重倾注
在咖啡杯一侧。

3 │ 左右晃动手腕，使奶泡在咖啡中形成翅膀
的形状，再向下移动形成基部，方向如图
所示。

4 │ 用同样的方法，绘出另一侧翅膀。

5 │ 在翅膀中间，左右晃动手腕，如图所示方
向绘出三颗爱心即可。

丛林挚爱

材 料
意式浓缩咖啡　1 份
奶泡　适量

工 具
咖啡杯、拉花钢杯

操作时间
10 秒

提示：

奶泡尽量多打发一些，否则容易出现最后奶泡不够而使图案不能成形的情况。

制 作

1 萃取一份意式浓缩咖啡，待用。

2 左手持咖啡杯，右手拿拉花钢杯，将打发的奶泡呈"8"字形均匀注入咖啡杯中，使之形成厚基底。

3 加至半满时，从中心点注入，左右轻轻摆动手腕，开始拉花。

4 左右晃动手腕，按图所示方向，使奶泡在咖啡中形成树叶的形状。

5 如图所示，依次左右晃动手腕，使奶泡分别在叶子的左侧、右侧形成心形，并与叶子底部连接即可。

甜心岛屿

材 料

意式浓缩咖啡　1份
奶泡　适量

工 具

咖啡杯、拉花钢杯

操作时间

10秒

制 作

1 | 萃取一份意式浓缩咖啡，打好奶泡，待用。

2 | 将打好的奶泡转圈注入装有意式浓缩咖啡的杯中，使二者充分融合，形成厚基底。

3 | 加至半满时，将奶泡从中心点注入，进行拉花。

4 | 左右晃动手腕，按照下图所示方向拉花。

5 | 将咖啡杯旋转到另一侧，从中心点注入，将原有的奶泡向上推，再按照同样的方式，如图所示方向绘出另一部分即可。

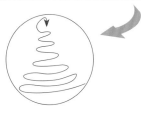
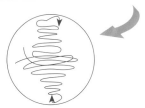

萌芽

材料
意式浓缩咖啡　1 份
奶泡　适量

工具
咖啡杯、拉花钢杯

操作时间
10 秒

制作

1　将奶泡转圈注入装有意式浓缩咖啡的杯中，使二者充分融合，形成厚基底。

2　加至半满时，将奶泡从中心点注入，开始拉花。

3　左右晃动手腕，按图示方向，绘出图案主体。

4　将咖啡杯逆时针转动180度。

5　按图示方向，左右摆动手腕，绘制出心形即可。

爱的宝塔

材料
意式浓缩咖啡　1 份
奶泡　适量

工具
咖啡杯、拉花钢杯

操作时间
10 秒

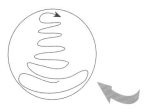

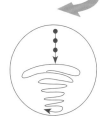

制作

1 | 徐徐将奶泡转圈注入装有意式浓缩咖啡的杯中，使二者充分融合，形成厚基底。

2 | 加至半满时，从中心点开始注入，左右晃动手腕，开始拉花。

3 | 按图示方向，绘出宝塔部分。

4 | 将咖啡杯逆时针转动180度，手腕向前推，分别绘出三颗爱心锥形。

5 | 最后按图示方向，用奶泡将三颗爱心串联起来即可。

翅膀娃娃

材料
意式浓缩咖啡　1 份
奶泡　适量

工具
咖啡杯、拉花钢杯、雕花棒

操作时间
20 秒

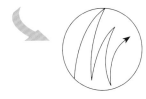

制作

1 | 左手持咖啡杯，右手持拉花钢杯，徐徐将打好的奶泡转圈注入装有意式浓缩咖啡的杯中，使二者充分融合。

2 | 在中心点位置如图所示左右轻轻晃动手腕，使奶泡在咖啡中形成椭圆状，再收住。

3 | 将奶泡从下方推着注入。

4 | 并与前方的椭圆形连接。

5 | 顺时针方向旋转咖啡杯，再注入奶泡，成为翅膀娃娃的头部。用雕花棒蘸少量咖啡液，从下而上绘制出翅膀娃娃的腿部即可。

鲲鹏

材料
意式浓缩咖啡　1 份
奶泡　适量

工具
咖啡杯、拉花钢杯、雕花棒

操作时间
10 秒

制作

1 | 左手持咖啡杯，右手持拉花钢杯，徐徐将刚打好的奶泡注
入咖啡杯中，以"8"字形转圈注入，使奶泡与咖啡融合。

2 | 至咖啡杯七分满，将手腕提升，左右晃动，按图示方向进
行拉花，绘制出鲲鹏的一侧翅膀。

3 | 再用同样的方法绘制出鲲鹏的另一侧翅膀。

4 | 控制奶泡，将其绘到中间后上提，形成鲲鹏的颈部、头部。

5 | 用雕花棒蘸取深色奶泡，点出鲲鹏的眼睛即可。

天使

材料

意式浓缩咖啡 1 份
奶泡 适量

工具

咖啡杯、拉花钢杯、雕花棒

操作时间

10 秒

贴士：
　多加练习，
才能使奶泡在绘
制时更流畅。

制作

1 左手持咖啡杯,右手持拉花钢杯,左手微倾,将打好的奶泡以"8"字形转圈注入咖啡杯中,使二者充分融合。

2 至咖啡杯半满,从一侧注入奶泡,开始拉花,方向如图所示。

3 将奶泡拉到咖啡杯中心点,继续进行绘制,画出另一半羽毛,方向如图所示。

4 在中心位置一次性注入大量奶泡,然后把咖啡杯逆时针旋转90度,从咖啡杯底侧开始向上注入奶泡,绘制出天使的腿部,再在上方倾注少量奶泡作为天使的头部。

5 用雕花棒蘸少量咖啡,在天使的腿部中间画一下,使双腿的分割更明显。

6 再蘸取少量白色奶泡,绘制出天使头顶的光环即可。

云心

材料
意式浓缩咖啡　1 份
奶泡　适量

工具
咖啡杯、拉花钢杯

操作时间
10 秒

制 作

1 | 左手持装有意式浓缩咖啡的杯子，右手持打好奶泡的拉花钢杯，将奶泡缓缓转圈注入咖啡中，使二者融合。

2 | 从贴近杯壁的一端开始，按照图示方向晃动手腕，绘制出云纹。

3 | 绘制至云纹结束，使奶泡贴近杯中心。

4 | 奶泡不要停顿，再按图示方向绘制出心形。

5 | 收尾可稍拉长，让心形更突出。

松鼠

材 料
意式浓缩咖啡　1 份
奶泡　适量

工 具
咖啡杯、拉花钢杯、雕花棒

操作时间
10 秒

制作

1 | 左手持装有意式浓缩咖啡的杯子，右手持打好奶泡的拉花钢杯，将奶泡缓缓
转圈注入咖啡中，使二者融合。

2 | 从底端开始，贴近杯壁，按照图示方向晃动手腕，绘制出松鼠尾巴上的毛。

3 | 奶泡不要停留，沿着内侧滑下，绘制成松鼠尾巴。

4 | 奶泡贴向中心端，控制奶泡流量，绘出松鼠的身体。

5 | 再用雕花棒蘸取适量咖啡，把松鼠身体细节勾画出来即可。

Part5

紫荆花

提示：
　一定要每
画一下，用布擦
一下雕花棒尖。

材料
意式浓缩咖啡　1 份
巧克力酱　适量
热牛奶　适量
淡奶油　适量

工具
咖啡杯、拉花钢杯、雕花棒

操作时间
15 秒

制 作

1 | 将巧克力酱以画圈的方式注入意式浓缩咖啡中。

2 | 再倒入热牛奶，充分融合，至杯子九分满。

3 | 舀入淡奶油，使淡奶油在咖啡表面形成厚厚的一层，轻震几下，使表
面平整。

4 | 用巧克力酱在淡奶油表面，从中心点开始以逆时针的方向画圈。

5 | 用雕花棒按图示方向将整个圆形分割，画成一朵八瓣花。

6 | 再从中间向旁边挑开，使表面形成尖尖的花瓣即可。

心之花

材料

意式浓缩咖啡　1 份
巧克力酱　适量
热牛奶　适量
淡奶油　适量

工具

咖啡杯、拉花钢杯、吧勺、雕花棒

操作时间

15 秒

贴士：
　　如果部分线条过细，可以用巧克力酱再次进行加粗。

拓展：
　　也可以将心形部分进行变化。

制作

1 | 将巧克力酱注入意式浓缩咖啡中，再以转圈方式均匀地注入热牛奶，充分融合，至咖啡杯九分满。

2 | 用吧勺舀去表面的粗泡沫。

3 | 用吧勺将淡奶油舀入咖啡表面，使之形成厚厚的一层，再轻震几下，使表面平整。

4 | 用巧克力酱在淡奶油表面按图示方向绘制。

5 | 用巧克力酱在花的下方以"之"字形的手法绘制出花茎，两侧绘制出花纹、圆圈。

6 | 用雕花棒将圆圈调整，绘制成心形即可。

风火轮

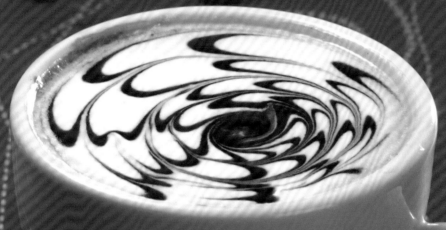

材料
意式浓缩咖啡　1 份
巧克力酱　适量
热牛奶　适量
淡奶油　适量

工具
咖啡杯、拉花钢杯、吧勺、雕花棒

操作时间
15 秒

制 作

1 将巧克力酱、淡奶油依次均匀注入意式
浓缩咖啡杯中，充分融合，至咖啡杯九
分满。

2 用吧勺舀去咖啡表面的粗泡沫。

3 用吧勺将淡奶油舀入咖啡表面，使之
形成厚厚的一层，轻震几下，使淡奶
油均匀铺开。

4 用巧克力酱在淡奶油表面绘制出"米"
字形，绘制时要一条线绘制到底。

5 用雕花棒在表面以逆时针方向画圈，使
之呈涡旋状即可。

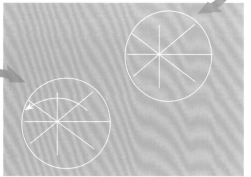

空中花园

材 料
意式浓缩咖啡　1 份
热牛奶　适量
淡奶油　适量
巧克力酱　适量

工 具
咖啡杯、拉花钢杯、吧勺、雕花棒

操作时间
15 秒

制作

1　用拉花钢杯转圈在意式浓缩咖啡中注入热牛奶，至咖啡杯九分满。

2　将淡奶油舀入咖啡表面，使之形成厚厚的一层，轻震几下，使淡
　　奶油表面均匀。

3　在淡奶油表面用巧克力酱分别按照如下图所示绘制出形状。

4　用雕花棒在圆形表面，如图示方向绘制出花的轮廓。

5　再用雕花棒在花形表面，如下图的方向进行绘制，使之呈现出花
　　瓣感。

6　用雕花棒，在外圈上以画波浪的方式进行勾画装饰即可。

花开满园

材 料
意式浓缩咖啡　1 份
巧克力酱　适量
热牛奶　适量
淡奶油　适量

工 具
咖啡杯、拉花钢杯、吧勺、
雕花棒

操作时间
15 秒

A.先从中心向四周,再由四周向中心

B.由四周向中心

制 作

1 将巧克力酱、热牛奶依次注入意式浓缩咖啡杯中,充分融合,至咖啡杯九分满。用吧勺舀去咖啡表面的粗泡沫,再将淡奶油舀入咖啡表面,使之形成厚厚的一层,轻震几下,使淡奶油均匀铺开。

2 在淡奶油表面用巧克力酱分别在两侧挤出花形图案的雏形,并绘出叶子雏形。

3 用雕花棒在两朵花形表面,分别如图A、图B的方向进行绘制,使之呈现出花朵感。

4 用雕花棒在叶子中间画出叶脉。

5 在表面空隙处用巧克力酱进行点缀。

6 再用雕花棒,以画波浪的方式进行勾画装饰即可。

花与爱丽丝

材料
意式浓缩咖啡　1 份
巧克力酱　适量
热牛奶　适量
淡奶油　适量

工具
咖啡杯、拉花钢杯、吧勺、雕花棒

操作时间
15 秒

制 作

1 | 将巧克力酱注入意式浓缩咖啡中，再倒入热牛奶，充分融合，至咖啡杯九分满，再用吧勺舀入淡奶油，使淡奶油在咖啡表面形成厚厚的一层，轻震几下，使表面平整。

2 | 用巧克力酱在淡奶油表面，从杯子 1/3 处中心点开始以逆时针的方向如图示画圈，再在圈的左边以"之"字形进行绘制。

3 | 用雕花棒在圆圈表面以由外向内的方向进行绘制。

4 | 再将花瓣中心点，以由内向外的方向进行处理。

5 | 用雕花棒在叶子中间画出叶脉即可。

几何花

材 料

意式浓缩咖啡　1 份
巧克力酱　适量
热牛奶　适量
淡奶油　适量

工 具

咖啡杯、拉花钢杯、吧勺、雕花棒

操作时间

15 秒

制作

1　将巧克力酱注入意式浓缩咖啡中，再倒入热牛奶，充分
　　融合，至咖啡杯九分满，用吧勺舀出漂在表面的粗泡沫。

2　用吧勺舀入淡奶油，使淡奶油在咖啡表面形成厚厚的一
　　层，用雕花棒将不平整之处转圈抹平。

3　在淡奶油表面用巧克力酱从中心点开始以顺时针的方向
　　画圈。

4　用雕花棒在表面从外侧向内侧，将圆圈进行4等分勾画，
　　绘制出花瓣。

5　将每个花瓣再次由外向内进行等分绘制即可。

柳枝

材料

意式浓缩咖啡　1份
巧克力酱　适量
热牛奶　适量
淡奶油　适量

工具

咖啡杯、拉花钢杯、吧勺、
雕花棒

操作时间

15秒

制作

1 将巧克力酱注入意式浓缩咖啡中，再倒入热牛奶，充分融合，至咖啡杯九分满，
用吧勺舀出漂在表面的粗泡沫。

2 舀入淡奶油，使淡奶油在咖啡表面形成厚厚的一层，轻震几下，使表面平整。

3 用巧克力酱在淡奶油表面，从靠近杯壁一侧开始，如图示，以"之"字形进行绘制。

4 在另一侧也进行同样的绘制。

5 用雕花棒在一侧的图案自上而下绘制出叶脉，另一侧图案则反方向进行绘制，出
现二者首尾相呼应的效果。

牡丹

材料

意式浓缩咖啡　1 份
巧克力酱　适量
热牛奶　适量
淡奶油　适量

工具

咖啡杯、拉花钢杯、吧勺、雕花棒

操作时间

15 秒

制作

1 | 将巧克力酱注入意式浓缩咖啡中，再倒入热牛奶，充分融合，至咖啡杯九分满，用吧勺舀入淡奶油，使淡奶油在咖啡表面形成厚厚的一层，轻震几下，使表面平整。

2 | 用巧克力酱在淡奶油表面，从中心点开始如图示画圈，从小到大依次画完 3 个圈。

3 | 用雕花棒在最大的圈上如图进行波浪式的勾画，形成花朵最外缘的花瓣。

4 | 以同样的方法绘制第二层、第三层花瓣。

5 | 最后，将花纹向中间靠拢即可。

海上日出

材料
意式浓缩咖啡　1 份
巧克力酱　适量
热牛奶　适量
淡奶油　适量

工具
咖啡杯、拉花钢杯、吧勺、雕花棒

操作时间
15 秒

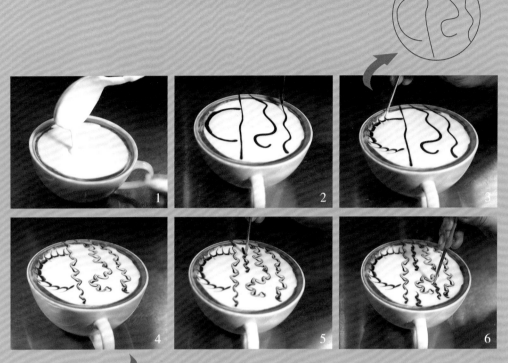

制 作

1   将巧克力酱注入意式浓缩咖啡中，再倒入热牛奶，
    充分融合，至咖啡杯九分满，用吧勺舀出漂在表面
    的粗泡沫。舀入淡奶油，使淡奶油在咖啡表面形成
    厚厚的一层，轻震几下，使表面平整。

2   用巧克力酱在淡奶油表面绘出如图所示的线条，勾
    画出太阳和海洋的雏形。

3   再用雕花棒勾画出太阳的光芒。

4   将雕花棒采用上方的曲线勾画出海洋的波浪。

5   用巧克力酱在空白处进行补绘，继续用雕花棒进行
    勾画。

6   把画面中的重点波浪进行细致刻画即可。

水中花

1

材料
意式浓缩咖啡　1 份
巧克力酱　适量
热牛奶　适量
淡奶油　适量

工具
咖啡杯、拉花钢杯、吧勺、雕花棒

操作时间
15 秒

2

3-1

3-2

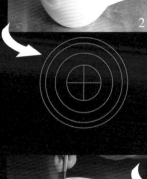

4

制 作

1　将巧克力酱注入意式浓缩咖啡中，再倒入热牛奶，充分融合，至咖啡杯九
分满，用吧勺舀出漂在表面的粗泡沫。舀入淡奶油，使淡奶油在咖啡表面
形成厚厚的一层，轻震几下，使表面平整。

2　用巧克力酱在淡奶油表面，从外向内，如图所示绘制出花的基础轮廓。

3　再从外缘向内，进行波浪状勾画，保留最小的圆圈，中间十字形转圈勾画。

4　将花纹由外向内，按图示箭头方向绘制出花瓣感即可。

花团锦簇

材料
意式浓缩咖啡　1 份
巧克力酱　适量
热牛奶　适量
淡奶油　适量

工具
咖啡杯、拉花钢杯、吧勺、雕花棒

操作时间
15 秒

制作

1　将巧克力酱注入意式浓缩咖啡中，再倒入热牛奶，充分融合，
至咖啡杯九分满，用吧勺舀出漂在表面的粗泡沫，舀入淡奶油，
使淡奶油在咖啡表面形成厚厚的一层，用雕花棒使表面平整。

2　用巧克力酱在淡奶油表面按顺序绘制出 4 个圆圈。

3　在中心处用巧克力酱绘出"十"字形。

4　将左边的圆圈用雕花棒由外向内绘制，使之成为紫荆花状。

5　将剩余的圆圈，按图示方向从内向外绘制成花朵状，中心的十
字自由绘制即可。

旋涡

材料

意式浓缩咖啡　1 份
巧克力酱　适量
热牛奶　适量
淡奶油　适量

工具

咖啡杯、拉花钢杯、吧勺、雕花棒

操作时间

15 秒

制 作

1 | 将巧克力酱注入意式浓缩咖啡中，再倒入热牛奶，充分融合，至咖啡杯九分满，用吧勺舀出漂在表面的粗泡沫。

2 | 舀入淡奶油，使淡奶油在咖啡表面形成厚厚的一层，轻震几下，使表面平整。

3 | 用巧克力酱在淡奶油表面，从左到右画出 3 道横线。

4 | 再画出 3 道竖线。

5 | 用雕花棒以逆时针方向进行转圈绘制，直至形成旋涡状即可。

雨伞

材料
意式浓缩咖啡　1份
巧克力酱　适量
热牛奶　适量
淡奶油　适量

工具
咖啡杯、拉花钢杯、吧勺、
雕花棒

操作时间
15秒

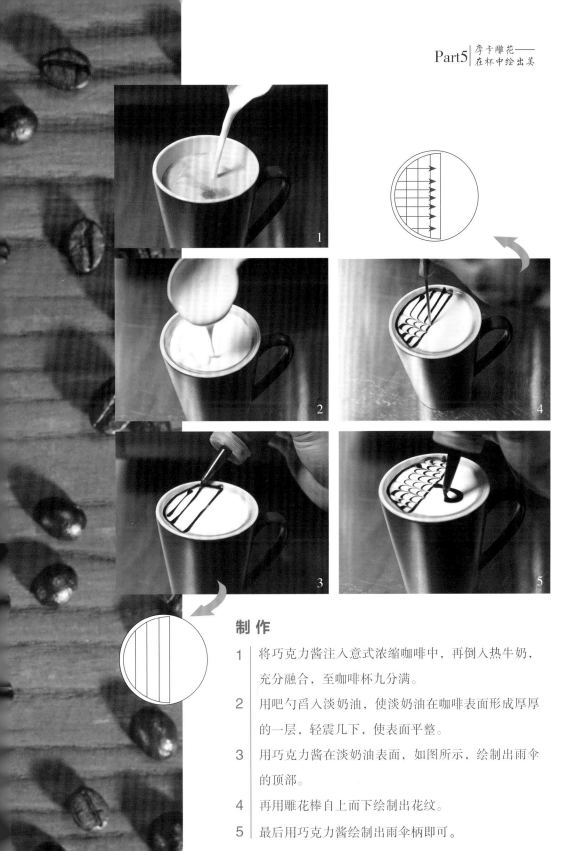

制 作

1 | 将巧克力酱注入意式浓缩咖啡中，再倒入热牛奶，充分融合，至咖啡杯九分满。

2 | 用吧勺舀入淡奶油，使淡奶油在咖啡表面形成厚厚的一层，轻震几下，使表面平整。

3 | 用巧克力酱在淡奶油表面，如图所示，绘制出雨伞的顶部。

4 | 再用雕花棒自上而下绘制出花纹。

5 | 最后用巧克力酱绘制出雨伞柄即可。

121

竹林

材料

意式浓缩咖啡　1 份
巧克力酱　适量
热牛奶　适量
淡奶油　适量

工具

咖啡杯、拉花钢杯、
吧勺、雕花棒

操作时间

15 秒

制作

1	将巧克力酱注入意式浓缩咖啡中，再倒入热牛奶，充分融合，至咖啡杯九分满。
2	用吧勺舀入淡奶油，使淡奶油在咖啡表面形成厚厚的一层，轻震几下，使表面平整。
3	用巧克力酱在淡奶油表面，绘出"之"字形。
4	在淡奶泡表面，用雕花棒按图示方向移动，形成花纹。
5	竹林拉花完成。

Part6

萌萌爪

材 料

奶泡　2 份

意式浓缩咖啡　1 份

工 具

咖啡杯、雕花棒、

拉花钢杯、吧勺

操作时间

15 秒

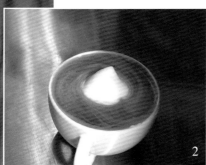

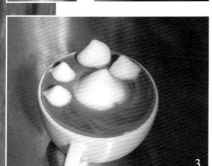

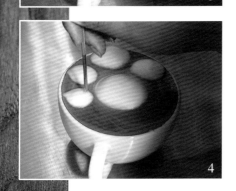

制 作

1　将一份奶泡用拉花钢杯转圈均匀注入意
　　式浓缩咖啡中，至咖啡杯九分满，留出
　　中心点。

2　将沉淀 1 分钟后的第二份奶泡，用吧勺
　　舀入咖啡中，做出立体效果，形成爪子
　　中间的"肉垫"。

3　再分别舀出四小堆奶泡，做成爪子。

4　用雕花棒蘸取适量咖啡液，在奶泡上勾
　　画出圆圈和尖爪花纹。

5　萌萌爪 3D 拿铁咖啡拉花完成。

海星

材料
奶泡　2 份
意式浓缩咖啡　1 份

工具
咖啡杯、雕花棒、拉花钢杯、吧勺

操作时间
15 秒

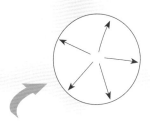

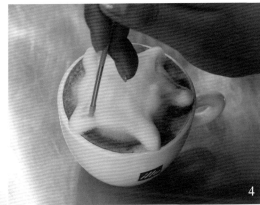

制 作

1　将一份奶泡用拉花钢杯转圈均匀注入意式浓缩咖啡中，至咖啡杯九分满，再将另一份沉淀1分钟后的奶泡一勺勺舀入杯中，做出立体感。

2　将剩余奶泡再次舀入杯中，使表面的立体感更强。

3　用雕花棒在表面轻轻地拉出星星的一个角，使角搭到杯沿。

4　再用雕花棒将剩余的角以图示的方向拉出，形成星星的轮廓。

5　用雕花棒蘸取少量咖啡液，在奶泡表面绘制出星星的外缘和笑脸即可。

大嘴猴

材料
奶泡　2 份
意式浓缩咖啡　1 份

工具
咖啡杯、雕花棒、拉花钢杯、吧勺

操作时间
15 秒

制 作

1 | 将一份奶泡用拉花钢杯转圈均匀注入意式浓缩咖啡中，
至咖啡杯九分满。

2 | 将沉淀 1 分钟后的第二份奶泡用吧勺一点点舀入咖啡表
面，做出大嘴猴的眼部、嘴部和耳朵，形成立体效果。

3 | 用雕花棒将不均匀之处进行转圈调整。

4 | 用雕花棒蘸取少量咖啡液，绘出大嘴猴的眼睛和鼻孔。

5 | 再绘制出嘴巴和牙齿即可。

帽子

材 料
奶泡　2 份
意式浓缩咖啡　1 份

工 具
咖啡杯、雕花棒、拉花钢杯、吧勺

操作时间
15 秒

制 作

1 | 将一份奶泡用拉花钢杯转圈均匀注入意式浓缩咖啡中，
至咖啡杯九分满，留出中心点，将沉淀 1 分钟后的第二份
奶泡用吧勺一点点舀入咖啡中间，做出立体感。

2 | 用雕花棒将不平整之处进行转圈调整，制成平整的帽檐。

3 | 再用吧勺一点点舀入奶泡，做成帽子中央的凸起。

4 | 用雕花棒蘸取咖啡液，在帽子上画出装饰彩带。

5 | 再绘制出蝴蝶结即可。

趴趴狗

材料

奶泡　2 份

意式浓缩咖啡　1 份

工具

咖啡杯、雕花棒、拉花钢杯、吧勺

操作时间

15 秒

贴士：

　　好的奶泡是制作出好的 3D 拉花的关键，下图的奶泡太粗，导致制作失败。

制 作

1　将一份奶泡用拉花钢杯转圈均匀注入意式浓缩咖啡中，至咖啡杯九分满，留出中心点，再将沉淀 1 分钟后的第二份奶泡用吧勺一点点舀入咖啡中，做出小狗身体。

2　继续舀入奶泡，做出小狗的头部，并用雕花棒蘸取少量奶泡做出小狗的耳朵。

3　再蘸取奶泡做出小狗的四肢，并用雕花棒蘸少量咖啡液绘制出小狗的尾巴。

4　继续用雕花棒蘸取少量咖啡液，绘制出小狗的耳朵、眼睛和鼻子。

5　最后再进行细节调整即可。

狮子

材料
奶泡　2份
意式浓缩咖啡　1份

工具
咖啡杯、雕花棒、拉花钢杯、吧勺

操作时间
15秒

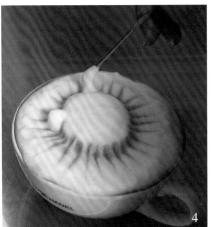

制 作

1 将一份奶泡用拉花钢杯转圈均匀注入意式浓缩咖啡中，使二者充分融合，至咖啡杯九分满。

2 将沉淀1分钟后的第二份奶泡用吧勺一点点舀入咖啡中，在咖啡表面形成厚厚而平整的一层。

3 在中间位置，继续舀入奶泡，做出立体的狮子头部，然后用雕花棒蘸取少量咖啡液，绘制出狮子的鬃毛。

4 蘸取少量奶泡，绘制出狮子的耳朵。

5 最后蘸取咖啡液绘制出狮子的眼睛、鼻子、胡子和嘴巴即可。

小奶牛

材料
奶泡　2份
意式浓缩咖啡　1份

工具
咖啡杯、雕花棒、拉花钢杯、吧勺

操作时间
15秒

制作

1 将一份奶泡用拉花钢杯转圈均匀注入意式浓缩咖啡中，使二者充分融合，将沉淀1分钟后的第二份奶泡用吧勺一点点舀入咖啡的中心位置。

2 重复舀入奶泡，让奶泡在表面累积得越来越高，成为牛的头部。

3 用雕花棒蘸取少量绵密的奶泡，做出立体的牛耳朵。

4 再用雕花棒蘸取少量咖啡液，绘制出牛的眼睛、鼻子、耳朵。

5 把牛的眼睛、嘴巴、耳朵绘制完成即可。

小熊

材料
奶泡 2份
意式浓缩咖啡 1份

工具
咖啡杯、雕花棒、拉花钢杯、吧勺

操作时间
15秒

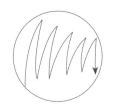

制 作

1 将一份奶泡用拉花钢杯转圈均匀注入意式浓缩咖啡中，使二者充分融合，至咖啡杯七分满时，在中心点如图所示，轻轻摆动手腕，使咖啡表面呈现叶子状。

2 在下方用奶泡绘制出心形。

3 将沉淀 1 分钟后的第二份奶泡用吧勺舀入咖啡中，做出立体的小熊耳朵。

4 用雕花棒蘸取咖啡液绘制出小熊的鼻子。

5 再将小熊的眼睛绘制完成即可。

花猪

材料
奶泡　2 份
意式浓缩咖啡　1 份

工具
咖啡杯、雕花棒、拉花钢杯、吧勺

操作时间
15 秒

制 作

1 │ 将一份打发后奶泡用拉花钢杯转
圈均匀注入意式浓缩咖啡中，使
二者均匀混合，至咖啡杯九分满。
将沉淀 1 分钟后的第二份奶泡用
吧勺一点点舀入咖啡中，做出立
体的小猪头部。

2 │ 用雕花棒蘸取少量奶泡绘制出小
猪的耳朵、鼻子和胸前的蝴蝶结。

3 │ 用雕花棒蘸取少量咖啡液，绘制
出小猪的腮。

4 │ 继续绘制眼睛、鼻子、嘴巴、蝴
蝶结，最后在周围用图示的方法
绘制出花边装饰即可。

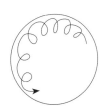

哆啦Ａ梦

材料
奶泡　2份
意式浓缩咖啡　1份

工具
咖啡杯、雕花棒、拉花钢杯、吧勺

操作时间
15秒

制作

1 将一份打发后奶泡用拉花钢杯转圈均匀注入意式浓缩咖啡中，使二者均匀混合，至咖啡杯九分满。将沉淀 1 分钟后的第二份奶泡用吧勺一点点舀入咖啡中，做出立体的哆啦A梦头部。

2 用雕花棒将不平整之处进行转圈调整。

3 用雕花棒蘸取少量咖啡液，绘制出哆啦A梦的面部外轮廓。

4 再绘制出铃铛、嘴巴和鼻子。

5 最后绘制出眼睛、胡须即可。

萌猫

材料
奶泡　2 份
意式浓缩咖啡　1 份

工具
咖啡杯、雕花棒、拉花钢杯、吧勺

操作时间
15 秒

制作

1 | 将一份打发后奶泡用拉花钢杯转圈均匀注入意式浓缩咖啡中，使
二者均匀混合，至咖啡杯九分满。

2 | 将沉淀1分钟后的第二份奶泡用吧勺一点点舀入咖啡中，制成萌
猫头部。

3 | 用雕花棒将萌猫的头部弄平整。

4 | 用雕花棒蘸取奶泡，堆放在萌猫的前方，制成猫爪。

5 | 用雕花棒蘸取少量奶泡，放在萌猫的头部，制成猫耳朵。

6 | 用雕花棒蘸取少量咖啡液，点出萌猫的眼睛。

7 | 最后绘制出鼻子、耳朵、胡须即可。

Part7

咖啡拉花的其他可能

彩色法

抹茶心形

材料
抹茶粉　1平勺
冷藏牛奶　适量

工具
咖啡杯、拉花钢杯、吧勺

操作时间
10秒

拓展：
也可以绘制抹茶郁金香。

失败：
奶泡太稀，无法拉出饱满的心形。

制作

1 | 取一平勺抹茶粉，放入咖啡杯中，注入适量热水冲泡抹茶粉，用吧勺搅拌均匀。

2 | 往拉花钢杯里倒入适量的冷藏牛奶，至凹槽处，将蒸汽棒插入牛奶，形成起泡角度，打发奶泡。

3 | 将打发好的奶泡在桌上敲击，轻震几下，用吧勺撇去表面较粗奶泡，晃动均匀。

4 | 左手拿着咖啡杯，右手拿拉花钢杯，将打好的奶泡注入抹茶中充分融合，加至半满时，中心点注入，左右摆动手腕，开始按图示方向拉花。

5 | 手腕向一侧拉，将奶泡向图形底部拉进行收杯，此时手要稳，使奶泡在咖啡杯中成心形即可。

三彩花

材料

奶泡 适量

黄色食用色素 适量

蓝色食用色素 适量

红色食用色素 适量

工具

咖啡杯、拉花钢杯、吧勺、雕花棒

操作时间

15 秒

制作

1 | 在绵密的奶泡中分次舀入红、蓝、黄三种食用色素。

2 | 左手握咖啡杯，右手持拉花钢杯，将奶泡转圈注入咖啡杯中。

3 | 加至半满时，从中心点开始，左右摆动手腕按图示方向进行拉花，绘制出叶子。

4 | 再将拉花钢杯稍向前冲，把前面的奶泡推到后面，同时轻摆手腕，滴上奶泡，用同样
的方法滴上 3 滴奶泡。

5 | 最后滴时，把拉花钢杯提起来，停一下再往前走，把奶泡在中间拉到底，形成叶茎
即可。

三彩孔雀

材料

奶泡　适量
黄色食用色素　适量
蓝色食用色素　适量
红色食用色素　适量

工具

咖啡杯、拉花钢杯、吧勺、雕花棒

操作时间

15 秒

制 作

1 | 在绵密的奶泡中舀入红、蓝、黄三种食用色素。

2 | 将刚打好的奶泡转圈注入咖啡杯中。

3 | 加至半满时，从中心点开始，左右摆动手腕进行拉花，以图示的方向先分别拉出两侧的翅膀。

4 | 再向上移动手腕，绘制出头和脖子。

5 | 用雕花棒将下方的花纹向上勾勒，形成升腾的感觉，再勾勒出孔雀的嘴巴即可。

模具法

Café

材料

冷藏牛奶　适量
意式浓缩咖啡　1 份
抹茶粉　适量

工具

咖啡杯、拉花钢杯、吧勺、Café 模具

操作时间

30 秒

贴士：
　　不能放置过久，否则会
消泡。

制 作

1 将打磨好的咖啡粉，填压到手柄中，萃取1
份意式浓缩咖啡。将牛奶倒入拉花钢杯中，
用蒸汽棒打发，在桌上敲击，震碎大奶泡，
用吧勺撇去表面较粗奶泡，晃动均匀。

2 将奶泡转圈注入装有意式浓缩咖啡的咖啡
杯中，使二者充分融合，至六分满时，手腕
停在中心点。

3 让奶泡缓缓收尾，使表面呈现较多的白色。

4 将印有 Café 字样的模具，盖住咖啡杯口。

5 将抹茶粉均匀撒到模具上。

6 轻轻拿开模具即可。

Kiss

材 料

奶泡　适量
意式浓缩咖啡　1 份
抹茶粉　适量

工 具

咖啡杯、拉花钢杯、吧勺、kiss 模具

操作时间

30 秒

制作

1　徐徐将刚打好的奶泡转圈注入装有意式浓缩咖啡的咖啡杯中。

2　使二者充分融合，至六分满时，手腕慢收，让奶泡缓缓注入，
　　使表面呈现较多的白色。

3　将 kiss 模具盖住咖啡杯口。

4　将抹茶粉均匀撒在模具上。

5　拿开模具即可。

太阳花

材料
奶泡　适量
意式浓缩咖啡　1 份
抹茶粉　适量

工具
咖啡杯、拉花钢杯、吧勺、太阳花模具

操作时间
30 秒

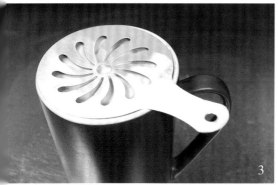

制 作

1 | 徐徐将刚打好的奶泡转圈注入装有意式浓缩咖啡的咖啡杯中，使二者充分融合。

2 | 至六分满时，手腕停在中心点，让奶泡缓缓注入，使表面呈现较多的白色。

3 | 将太阳花模具盖在咖啡杯口。

4 | 将抹茶粉均匀撒在模具上。

5 | 拿开模具即可。

幸运草

材料

奶泡　适量
意式浓缩咖啡　1 份
抹茶粉　适量

工 具

咖啡杯、拉花钢杯、吧勺、幸运草模具

操作时间

30 秒

制 作

1 | 徐徐将刚打好的奶泡转圈注入装有意式浓缩咖啡的咖啡杯中，使二者充分融合。

2 | 至六分满时，手腕停在中心点，让奶泡缓缓注入，使表面呈现较多的白色。

3 | 将幸运草模具盖在咖啡杯口。

4 | 将抹茶粉均匀撒在模具上。

5 | 拿开模具即可。

雪花

材料
奶泡　适量
意式浓缩咖啡　1 份
抹茶粉　适量

工具
咖啡杯、拉花钢杯、吧勺、
雪花模具、雕花棒

操作时间
30 秒

制 作

1　将刚打好的奶泡转圈注入装有意式浓缩咖啡的咖啡杯中，使二者充分融合。

2　用吧勺舀出表面的粗泡沫，再把奶泡舀入咖啡中，使表面形成厚厚的一层。

3　用雕花棒在表面不平之处进行调整。

4　将雪花模具盖在咖啡杯口；将抹茶粉均匀撒在模具上。

5　轻轻拿开模具即可。

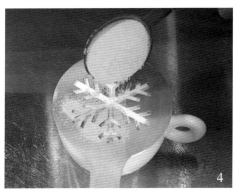

绘制法

马诺尼

材料

意式浓缩咖啡　1份
冷藏牛奶　适量

工具

咖啡杯、拉花钢杯、雕花棒、
吧勺

操作时间

20秒

制作

1　将咖啡粉萃取成意式浓缩咖啡。

2　将冷藏牛奶倒入拉花钢杯中，蒸汽棒插入牛奶，形成起泡角度，打发奶泡，在桌上敲击，震碎大奶泡，用吧勺撇去表面较粗奶泡，晃动均匀。

3　徐徐将刚打好的奶泡转圈注入装有意式浓缩咖啡的咖啡杯中，使二者充分混合，在中心点收尾。

4　用吧勺在咖啡表面以点状式舀入奶泡，靠近杯壁一圈，内里一圈，每个奶泡之间需有一段相隔距离。

5　用雕花棒以顺时针方向将所有奶泡串联绘制。

6　绘制成一串串的心形即可。

兔子

材料
意式浓缩咖啡　1 份
奶泡　适量

工具
咖啡杯、拉花钢杯、雕花棒

操作时间
30 秒

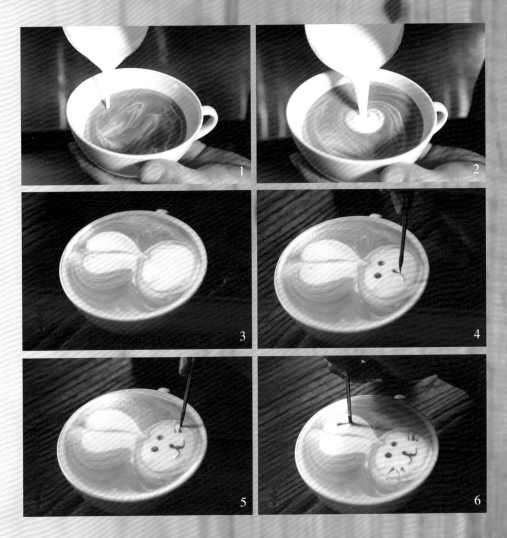

制作

1 │ 左手持咖啡杯，右手持拉花钢杯，徐徐将打好的奶泡转圈注入装有意式
浓缩咖啡的咖啡杯中，使二者充分融合。

2 │ 在中心点位置左右轻轻摆动手腕，使奶泡在咖啡中形成圆形。

3 │ 将奶泡从下方推着注入，并与前方的圆形连接，形成兔子的耳朵，再用
雕花棒蘸咖啡液将耳朵的中线绘制清晰。

4 │ 蘸取咖啡液，绘制出兔子的眼睛、鼻子。

5 │ 再绘制出两侧的胡须。

6 │ 最后在耳朵上进行装饰即可。

Part8

黄油饼干

材料

黄油　100 克
白糖　60 克
鸡蛋　1 个
低筋面粉　210 克

工具

打蛋器、搅拌盆、保鲜膜、面板、
擀面杖、压花器、烤箱、刮刀

操作时间

25 分钟

制 作

1　黄油放入搅拌盆中软化后加入白糖，用打蛋器搅打至蓬发。

2　鸡蛋打碎并搅打成全蛋液，然后倒入搅拌盆搅打均匀。

3　放入低筋面粉，用刮刀拌匀。

4　和成面团后，用保鲜膜包好，放入冰箱冷藏 2 小时。

5　取出，放于面板上，用擀面杖擀成厚约 5 毫米的薄片。

6　用压花器压成多种图案。

7　将压好的图案放到烤盘内，放入预热好的烤箱，以上火 180℃，下火 100℃

　　烘烤 15 分钟即可。

水果蜂蜜华夫饼

材料

低筋面粉　150克　　棉花糖　适量
焦糖浆　50克　　　蜂蜜　适量
牛奶　200克　　　薄荷叶　适量
鸡蛋　3个　　　　西瓜　适量
花生碎　适量　　　橙子　适量
蔓越莓干　适量　　葡萄　适量

工具

手动打蛋器、搅拌盆、
华夫饼机盘

操作时间

25分钟

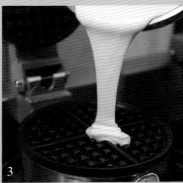

制作

1　搅拌盆中打入3个鸡蛋，倒入牛奶和焦糖浆，用手动打蛋器搅匀。

2　放入低筋面粉，继续搅拌至混合均匀，黏度合适，提起时能拉丝。

3　将粉糊倒入华夫饼机中，加热5分钟，至香气散发，烤至焦黄，取出。

4　将西瓜切成三角形小块，摆入盘中，再放入切好的橙瓣和洗净的葡萄，摆入薄荷叶，放入华夫饼。

5　在华夫饼上撒入花生碎、蔓越莓干、棉花糖，淋入蜂蜜，摆上薄荷叶装饰即可。

培根三明治

材料

烘烤过的吐司面包　2片　　酸黄瓜片　适量
培根　2片　　　　　　　黄瓜片　适量
奶酪　2片　　　　　　　生菜　适量
西红柿片　适量　　　　　花生酱　适量

工具

烤盘、案板、刀、牙签、盘子

操作时间

30分钟

176

制作

1 | 取 2 片培根肉放在烤盘上，烤至熟透，两面颜色均匀，取出。

2 | 将其中 1 片烘烤过的吐司面包放在案板上，放入洗净的生菜，并淋入花生酱。

3 | 加入 2 片奶酪。

4 | 再放入西红柿片、培根肉、酸黄瓜片。

5 | 再放入黄瓜片，并淋入花生酱。

6 | 放上生菜，盖上另 1 片烘烤后的吐司面包。

7 | 在两角位置插上牙签，斜切后，放入盘内即可。

马卡龙

材料

蛋清　300 克

糖粉　750 克

杏仁粉　450 克

色粉　适量

巧克力酱　适量

工具

刮刀、打蛋器、搅拌盆、裱花袋、
裱花嘴、烤箱

操作时间

60 分钟

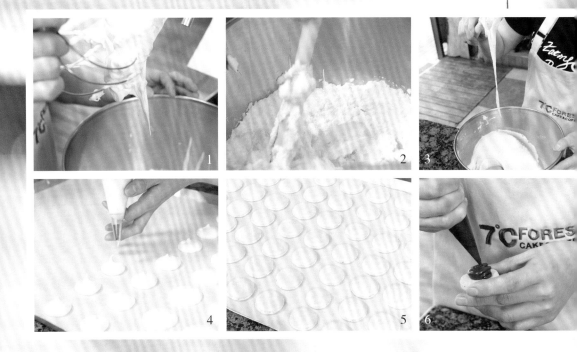

制作

1 蛋清放入搅拌盆中，用打蛋器搅打至硬性发泡，提起搅拌头时，蛋清成尖状。

2 在搅拌盆中加入杏仁粉、糖粉，用刮刀拌匀。

3 顺时针搅拌，至提起刮刀时，粉糊可间断性地滴落。

4 将粉糊分别装入不同裱花袋(用小号的圆形裱花嘴)，加入少量色粉，混合均匀，呈不同颜色。在铺了油布的烤盘上挤出圆形面糊。面糊会自己慢慢地摊开成小圆饼状。

5 将烤盘放在通风的地方晾干片刻，以用手轻轻按面糊表面，不粘手并且形成一层软壳为佳。放入烤箱中层，以160℃烘烤18分钟，关火后放3分钟再取出。

6 取一片，中间挤入巧克力酱，再粘上另一片，即完成马卡龙的制作。以此依序完成其他马卡龙的制作即可。

绿纹大理石饼干

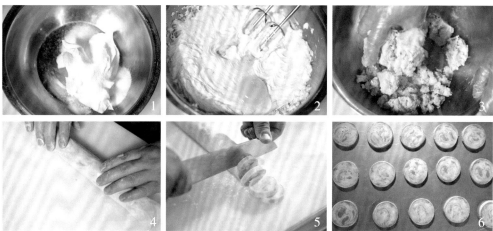

材料

黄油　100克
白糖　60克
鸡蛋　1个
低筋面粉　210克
绿色食用色素　适量

工具

打蛋器、搅拌盆、保鲜膜、
面板、烤箱、刮刀、刀

操作时间

30分钟

制作

1　黄油放入搅拌盆中软化后加入白糖，用打蛋器搅打
　　至蓬发。

2　把鸡蛋打成全蛋液，倒入搅拌盆中搅打均匀。

3　放入低筋面粉，用刮刀拌匀后揉成团，滴入绿色食
　　用色素，再揉成团。

4　取出，搓成圆柱形，用保鲜膜包好，放入冰箱冷冻
　　2小时。

5　取出，切成1厘米的厚片。

6　摆入烤盘中，放入预热好的烤箱，以180℃烘烤25
　　分钟即可。

附录

来杯冰卡布奇诺

在咖啡表面的美妙绘制，会让人心动，
更让人心动的是，让整个咖啡"从头美到脚"。
冰卡布奇诺是其中的代表。
以意式浓缩咖啡的浓郁口味为基底，
加入冰块后，配以润滑的奶泡，
混以自下而上的意大利咖啡的香气。
一种咖啡可以喝出多种不同的味道，不觉得很神奇吗？
加上其有着流动的色彩和美妙的分层，
这样的冰卡布奇诺会让每个人都心动不已。

基础冰品卡布

材料
冰块　适量
意式浓缩咖啡　1 份
奶泡　适量
冷藏牛奶　适量

工具
玻璃杯、拉花钢杯、冰铲、咖啡量杯、吧勺

操作时间
1 分钟

制 作

1 | 将冷藏后的牛奶倒入奶泡壶中，用蒸汽棒打发成绵密的奶泡，在桌上敲击，震碎大奶泡，再用吧勺撇去表面较粗奶泡。

2 | 玻璃杯中加满冰块。

3 | 转圈倒入打发好的奶泡，至杯子八分满。

4 | 最后用咖啡量杯倒入意式浓缩咖啡至杯口处即可。

透心冰

材料
冰块　适量
意式浓缩咖啡　1 份
糖水　适量

工具
玻璃杯、拉花钢杯、咖啡量杯、
吸管、冰铲

操作时间
1 分钟

制 作

1	在玻璃杯中倒入 1/5 的糖水。
2	用冰铲在杯中装冰块至八分满。
3	再次注入糖水至盖过冰块。
4	倒入意式浓缩咖啡至接近杯口。
5	插入吸管即可。

雪顶卡布

材 料
冰块　适量
意式浓缩咖啡　1 份
奶泡　适量
淡奶油　适量

工 具
玻璃杯、拉花钢杯、冰铲、
咖啡量杯、吧勺

操作时间
2 分钟

制作

1 | 在玻璃杯中放入冰块至八分满。

2 | 用吧勺舀入淡奶油至杯子五分满。

3 | 徐徐倒入意式浓缩咖啡，至杯子九分满。

4 | 用吧勺舀入奶泡至满杯即可。

焦糖卡布

材料
冰块　适量
意式浓缩咖啡　1 份
奶泡　适量
焦糖　适量
糖水　适量

工具
玻璃杯、拉花钢杯、冰铲、
咖啡量杯、吧勺

操作时间
2 分钟

制作

1 | 将糖水注入至玻璃杯底部 1/5 处。

2 | 将焦糖在杯壁上挤满一圈。

3 | 杯中加满冰块。

4 | 用吧勺舀入打发的奶泡，至杯子九分满。

5 | 在奶泡表面先浇入意式浓缩咖啡，再继续舀入奶泡，至满杯。

6 | 以"之"字形在表面淋入焦糖装饰即可。

红色

材料

冰块　适量
意式浓缩咖啡　1 份
奶泡　适量
红色食用色素　适量
糖水　适量

工具

玻璃杯、拉花钢杯、冰铲、
咖啡量杯、吧勺

操作时间

3 分钟

制作

1 │ 在玻璃杯中用吧勺加入少量红色食用色素。

2 │ 注入糖水，至杯子的 1/5 处，使色素在糖水中充
　　分溶解，形成漂亮的红色。

3 │ 杯中放入冰块，至杯子九分满。

4 │ 用拉花钢杯徐徐倒入打发好的奶泡至八分满，
　　盖住冰块。

5 │ 最后倒入意式浓缩咖啡，至杯满即可。

蓝色忧郁

材料

冰块　适量
意式浓缩咖啡　1 份
奶泡　适量
焦糖浆　适量
巧克力酱　适量
蓝色食用色素　适量
糖水　适量

工具

玻璃杯、拉花钢杯、咖啡量杯、
吧勺、冰铲

操作时间

3 分钟

制作

1　在玻璃杯底部滴入蓝色食用色素，然后注入糖
　　水至杯子 1/4 处，使二者充分混合。

2　用冰铲在杯中放满冰块。

3　在杯中徐徐倒入奶泡，至半满。

4　用吧勺舀入绵密奶泡，覆盖冰块至八分满。

5　接着贴着杯壁，缓缓倒入意式浓缩咖啡至奶泡
　　接近杯口，使卡布形成四层。

6　再次取适量奶泡，舀入杯面，最后淋入适量焦
　　糖和巧克力酱装饰即可。

圣修罗之花

材料
冰块　适量
意式浓缩咖啡　1 份
奶泡　适量
焦糖浆　适量
巧克力酱　适量
蓝色食用色素　适量
糖水　适量

工具
玻璃杯、拉花钢杯、冰铲、咖啡量杯、吧勺

操作时间
2 分钟

制 作

1 | 在玻璃杯底部滴入蓝色食用色素，然后注入糖水至杯子 1/4 处，使二者充分混合。

2 | 将巧克力酱沿着杯壁转圈淋入，使其慢慢流至底部。

3 | 加入冰块至杯子八分满，再徐徐倒入奶泡，至半满。

4 | 然后用咖啡量杯转圈注入意式浓缩咖啡至九分满。

5 | 用吧勺舀入奶泡，至盖住冰块表面。

6 | 用巧克力酱在奶泡表面如图示进行绘制，再用雕花棒以顺时针方向旋转绘制即可。

天山雪

材料
冰块　适量
意式浓缩咖啡　1份
奶泡　适量
牛奶　适量

工具
玻璃杯、拉花钢杯、冰铲、
咖啡量杯、吧勺

操作时间
2 分钟

制 作

1 | 在玻璃杯中放满冰块。

2 | 倒入牛奶至半满。

3 | 待冰块稍微融化后，用吧勺舀入绵密的奶泡，至覆盖冰块。

4 | 用咖啡量杯徐徐倒入意式浓缩咖啡至奶泡接近杯口。

5 | 再用吧勺舀入适量奶泡即可。

浓情蜜意

材料
冰块　适量
意式浓缩咖啡　1 份
奶泡　适量
牛奶　适量
焦糖浆　适量

工具
玻璃杯、拉花钢杯、咖啡量杯、
吧勺、冰铲

操作时间
3 分钟

制作

1 在玻璃杯中注入糖水至杯子 1/5 处，再沿着杯壁淋入一圈焦糖浆。

2 放入冰块至杯子 2/3 处。

3 倒入牛奶至半满，舀入奶泡至八分满。

4 接着沿着杯壁注入意式浓缩咖啡至接近杯口，用吧勺舀入奶泡，至满杯。

5 以"之"字形如图示交错淋入焦糖浆即可。

思 绪

材 料
冰块　适量
意式浓缩咖啡　1 份
奶泡　适量
巧克力酱　适量

工 具
玻璃杯、拉花钢杯、冰铲、咖啡量杯、吧勺

操作时间
15 秒

制 作

1 ｜ 将巧克力酱在玻璃杯口紧贴着杯壁挤入，以上图所示方向进行操作。

2 ｜ 取冰块放入玻璃杯至 4/5 处。

3 ｜ 用拉花钢杯将奶泡徐徐倒入，至八分满。

4 ｜ 接着用咖啡量杯注入咖啡至九分满。

5 ｜ 逐勺舀入绵密奶泡，并使表面平整。

6 ｜ 以 "之" 字形在表面淋入巧克力酱即可。